朱狄学术论著六种

美学·艺术·灵感

朱狄 著

WUHAN UNIVERSITY PRESS
武汉大学出版社

图书在版编目(CIP)数据

美学·艺术·灵感/朱狄著. —武汉：武汉大学出版社，2007.8
(名家学术.朱狄学术论著六种)
ISBN 978-7-307-05592-6

Ⅰ.美…　Ⅱ.朱…　Ⅲ.美学—文集　Ⅳ.B83-53

中国版本图书馆 CIP 数据核字(2007)第 065536 号

责任编辑:陶佳珞　谢　淼　　　责任校对:黄添生　　　版式设计:支　笛

出版发行:**武汉大学出版社**　(430072　武昌　珞珈山)
(电子邮件:wdp4@whu.edu.cn　网址:www.wdp.com.cn)
印刷:湖北省通山县九宫印务有限公司
开本:720×1000　1/16　印张:14.125　字数:202 千字　插页:2
版次:2007 年 8 月第 1 版　2007 年 8 月第 1 次印刷
ISBN 978-7-307-05592-6/B·175　定价:21.00 元

目　　录

当代西方美学与艺术哲学研究
(代序)

当代西方美学一直是我国美学研究中的一个薄弱环节，这种情况由来已久，远在“文革”前就早已如此。一些流行的美学著作在涉及西方美学时，往往只到克罗齐为止。之所以如此，原因比较复杂，但缺少“安全系数”则是重要原因之一。我着手翻译当代西方美学的材料，始于“文革”后期。当时并没有想到要为未来写作作准备，只是因为“有闲”。后来写书时，也并不觉得是什么担风险的事情，因为当时整个学术气氛是想多多引进一些外来信息。

80 年代初我写《当代西方美学》时，现成的翻译材料几乎一本也没有，西方又和前苏联不一样，很少有学者写综合各派学说、各种问题的书。一切似乎都要从零开始。书要一本本地读，这本书写得很累。我写这本书什么有利条件都没有，甚至连国门都没有出过。之所以能够出版，主要是有赖于当时国内的大环境以及出版社责任编辑的敢于负责的精神。我自己则主要靠想做成一件事情的毅力。该书于 1984 年出版后不久，即被国家教委列为大学文科教材，这是我绝对没有想到的事情。

80 年代末，我开始着手写《当代西方艺术哲学》一书，这时国内翻译出版的当代西方美学或艺术哲学的书已经很多，要在材料上不重复，并写出一些新意来，实在不容易。但我从实践过程中渐渐有了一些基本的看法，问题也比较容易抓得准了。

在西方，“美学”开始被命名之时，它被看作是一门两分法的学科，既包括美的研究，也包括艺术哲学的研究，而且后者是从属于前者的。但随着时间的推移，这种从属关系今天已名存实亡。作为一种当代倾向，艺术哲学的地位愈来愈重要了，与过去相比，两者的关系正在颠倒过来。我把这种倾向称之为“美学的艺术哲学化”的倾向。那么究竟为什么会发生这种变化呢？我认为至少有两大原因。

其一是自20世纪下半叶以来，随着高科技的迅猛发展，整个西方社会科学的整体面貌和研究手段都产生了巨大变化。有人认为，自1940年以后，西方社会科学最大的变化就是它正在像自然科学那样变成一种“硬”科学，定量的问题或发现占全部重大问题的三分之二。这种社会科学整体面貌的变化不可能不对美学产生影响并形成边缘性的压力，促使它不得不发生变化。众所周知，美学一直被认为是软科学中的软科学，即使从传统的观点来看，它比伦理学还要软，正如“美”的概念要比“善”的概念还要软一样。像“美”、“审美”、“趣味”这些概念恐怕永远是排斥定量分析的。美学要像其他社会科学那样变得“硬”起来的唯一途径就是向艺术哲学靠拢。这本来是一块它早在名义上占领过的领地，今天则成了拯救美学自身的唯一可行的途径。这样一来，美学不再是一门把美的哲学放在首位的学科。它把艺术问题当作了它最重要的研究对象。

其二就是美的研究本身出现了危机。这种危机并非萌芽于当代。在维特根斯坦指明“美”不过是一个形容词之前，它的危机就早已出现。鲍桑葵在《美学三讲》中和恩斯特·卡西尔在《人论》中都引论了歌德下述的话就是一例：“伟大的艺术往往比美的艺术更真实”，因此，不要让“现代的美的贩子的软弱学说弄得你太柔软了”。从古希腊到18世纪西方“美的艺术”体系形成，艺术一直被看作是美的而且必须是美的。如果一旦艺术可以是不美的，那么“美”也就失去了一块最大的世袭领地。为什么艺术可以是不美的，甚至必须是不美的？从根本上说是人们的趣味发生了变化。即使作为一个形容词，“美”实际上能发挥效能的地盘愈来愈狭小了。这也就是一些当代西方美学家提出要用“审美的哲学”（The philosophy aesthetic）来替代“美的哲学”（The philosophy of beauty）的原因所在。1981年，J. A. 帕斯莫尔（J. A. Passmlre）在《美学的沉闷》一书中则指责传统美学由于把美当作了美学研究的主题而使人误入歧途，并且导致了美学的沉闷。

尽管“审美”的概念远比“美”更为宽泛，它可以包含从美到丑的各种不同的品级，但在有的美学家看来，在艺术中强调审美因素亦属多余。这样一来，艺术哲学便成了可以和传统美的研究不发生任何关系的一门学科；而反过来，美学如果不以艺术哲学作为它的主要研究对象，那就不只是“沉闷”问题，而是将面临“沉没”了。

虽然美的本质问题在当今西方美学中已属过时，但鉴于国内对这一问题的兴趣，在《当代西方美学》一书中我仍然列了专门章节来加以论述。在1984年，一本系统论述当代西方美学的专著，居然没有关于美的本质问题的章节，看来是不明智的，但专列一章又是和当代西方美学的总趋势相矛盾的，这使我不得不在该书的后记中加以说明。在该书的美的本质的章节中，我自己最有“主见”的当数对三个等式的否定，即：美的客观论等于唯物主义；美的主观论等于唯心主义；主客观统一论等于折中主义。这些都是有感而发，与西方现状无关。另一方面，美学的艺术哲学化倾向既然是当今西方美学的主要倾向，《当代西方美学》一书涉及艺术的地方自然颇多，有些美学理论实际上就是一种艺术哲学理论。正因为艺术问题写不胜写，所以在它出版后十年，又出版了《当代西方艺术哲学》一书。当然，在后一本著作中，书名本身就已经突出了这种当代倾向，在这里，“美”仅仅是作为艺术作品评价标准中的一个术语来出现的。

从60年代开始，西方的整个价值体系发生了极大变化。在20世纪初，价值概念只有一个极为狭窄的基础，每门学科大体上只有一个一元化的价值概念，如美学中的“美”，伦理学中的“善”等等。但60年代后，这种一元论的价值观念已受到怀疑。在一些艺术形式中，传统美学所确认的那种“美”的内涵，今天已被“艺术结构”、“艺术意义”、“艺术目的”等更为精确的概念所代替。“美”作为一个价值术语，已经历了二度衰变：一度衰变是把美的价值看作是审美价值的一种；二度衰变是把审美价值看作是艺术价值的一种。换言之，艺术价值要大于审美价值；审美价值又大于美的价值，把“美”当作评价艺术作品的唯一标准或主要标准，已被认为是过时了的“美学的废墟”。

一些美学家则主张应该用“好”这个最常用的普通术语去涉及艺术价值，尤其对文学作品的评价更是如此，谁也不会酸溜溜地说《战争与和平》很美。任何一个价值判断的术语其真正生命力存在于日常口语之中，如果它在日常口语中丧失了生命力，那么它作为一个价值术语也将失去其生命力。值得深思的是，古希腊哲人所说的“美”，其中伦理学意义非常明显，它相当于拉丁文中的“正义”或“公正”。有时，则相当于“善”。例如柏拉图说过：“尽管他对每种东西的美丑没有知识，他还是摹仿；很显然，他只能根据普遍无知群众所认为美的来摹仿。”这里的“美”字，B. 乔伊特（B. Jowett）的英译本就译作“善”（good)。“... which appears to be good to theignorant multitude。”① 希腊人本来就不分什么是“美”，什么是“善”，善即美，美即善。而今天又有西方美学家主张用“好”来代替“美”，这种美学上的“返祖”现象是否有其必然性？是不是从一开始后人就对希腊哲人的“美”字理解得太狭窄了？

当然，“美”作为一个艺术作品的评价术语并没有消亡，但它比之于“艺术价值”，就好比蛋糕上的葡萄干，葡萄干即使是蛋糕上的最好部分，单靠它也无法烤制出蛋糕。

艺术哲学当然也有它自己一系列争论不休的问题，例如什么是“艺术”，就是如此。按照分析哲学的观点，哲学的迷惑就来自一些语言习惯和另一些语言习惯不恰当的类比与等同。词与物之间并不存在像”词语巫术”的迷信那样有种决定性的联系。词不过是物的一种符号而已。要理解一个名词，首先要理解它所从属的语言游戏规则。正如“国王”的棋子其意义从属于象棋规则一样，“艺术”的意义也要从属于它所处不同时代的不同游戏规则，并不存在一种固定不变的“艺术”的概念内涵。我认为应该把“艺术”概念的发展写进一种历时态的动态形式之中，根本不必去寻找历史上出现过的艺术定

① 参见朱光潜译：《柏拉图文艺对话集》，中译本，1980 年版，第 79 页；B. 乔伊特译：《柏拉图对话集》，英译本，1924 年版，第 3 卷，第 316 页。

义哪一种最正确。

今天，西方的“艺术”定义出现了困难，其原因比较复杂，除了“艺术”概念是历史的、变化的动态性质以外，一些激进的先锋派艺术显然已经导致了艺术与非艺术界限的模糊。

美国《读者文摘》1990年第9期曾登载过一则笑话，可以看作是对这种模糊性的一种讽刺：一位衣着优雅的妇女漫步于一个抽象主义画展中，她在一块小小的镶嵌板前停了下来，这块白色小方板中央有个黑叉。她招呼美术馆的主管，说：“我对这幅极富刺激性的作品很感兴趣，我要买下它。”

“太太……”

“艺术家将它命名作什么?”

“艺术家没有给它命名。”

“那你怎么称呼它?”

“我嘛，把它叫做一只电灯开关。”

但是，有些激进的先锋派作品，其表现形式虽是荒诞的，而提出的问题却是严肃的。例如克拉斯·奥尔顿伯格（Claes Oldenberg）把一张真正的床送进艺术博览会要求展出，我认为它要冲击的就是柏拉图所说的画家的床必须是木匠的床的模仿这种根深蒂固的传统观念。亚里士多德认为一幅图画之所以使人感到快感，就因为我们一面看，一面在求知。他也在肖似和知之间画上了等号。但艺术为什么必须建立在肖似的基础上，这里并没有一种绝对的理由。海德格尔曾指出，在知与物的肖似这一命题上，亚里士多德是始作俑者，但他否认这里有任何真理的必然性。他问：在知和物的肖似之间所设定的东西本身有何存在论的价值?他的回答是：“如果符合的意义是一个存在者（主体）对另一个存在者（客体）的肖似，那么真理就根本没有认识和对象之间相符合那样一种结构。”① 这样一来，亚里士多德在肖似和求知之间画上的等号就被取消了。在一些诸如绘画、小说的创作中，肖似不再具有绝对的必要性。例如对美国后现代主义小说家唐纳

① 海德格尔：《存在与时间》，中译本，1987年版，第263页。

德·巴塞尔姆（Donald Barthlme）来说，语言不再是表达主题的工具，而是自成目的。他只是想看看打字机能用语词在纸页上做些什么。这种态度和传统意义上的小说形成明显的对比。亨利·詹姆斯（Henry James）在小说《金碗》的序言中声称：再现是他写小说的一个不可抑制的目标。这种目标在巴塞尔姆那里显然是消失了。

先锋派的影响所及，几乎遍及所有的艺术。但我认为有两门艺术是例外，那就是建筑和舞蹈。前者由于要受重力的影响，作为一个笨重的物质堆，建筑的功能也对其形式具有强制的束缚力。后者则因为它的媒介手段是人体，因此整个说来，现代舞和古典舞的区别决不像毕加索和拉斐尔之间的区别那么大。对先锋派艺术的功过得失当然有着截然不同的评价，但不能不指出，许多著名的西方美学家对一些激进的先锋派艺术基本上持否定态度，甚至一些艺术史家也是如此。在对先锋派艺术的思索中，我萌发了一个更深的问题：艺术是进化的吗？是不是像科学一样，艺术也总是持续不断地前进，不断改善自己，以至于后来的艺术总会比过去时代的艺术更好一些呢？为了进一步探讨这个问题，我曾写过一篇论文①，后来又改写了一遍，把它列为《当代西方艺术哲学》的最后一章。虽然这是一个有待进一步探讨的问题，但我的初步看法是：艺术是非进化的，像艺术的定义一样，每个时代只能有一种相对的评价标准。而在这本书的最后，实际上已在涉及不同文化的比较问题了。（这是我今后想进一步加以研究的课题，正是在这点上，它又和原始文化的研究相衔接。）

我研究工作的另一个领域是关于审美发生学方面的问题。这方面已出版了两本专著，即1982年出版的《艺术的起源》和1988年出版的《原始文化研究——对审美发生问题的思考》。我认为，正如哲学应当从非哲学开始，美学则应当从“美”字远未诞生的地方开始。这就意味着应该对包括文化人类学、史前考古学、神话学、艺术心理学等学科在内的一门交叉学科的研究，它的名称可以叫做审美发生学。相比于一般的美学理论，它不但要求更为宽阔的视野，而且和美

① 朱狄：《艺术是进化的吗？》，载《外国美学》第10期，1994年版。

学的抽象理论有所不同，它多少带有实证的性质。而在另一种更为宽泛的意义上，审美发生学未尝不可以说是任何一种艺术哲学所不能缺少的第一章。

比起美学来，艺术有着远为古老的历史，所以我把艺术起源问题看作是发生学美学的一个重要组成部分。远在“美”字还没有诞生前，艺术至少已经有了三万年的历史，因此真正的历史事实是，在审美的领域中，实践远远走在理论的前面，而不是相反。我不相信最早的艺术是由人类的一种天赋的审美能力所推动的。在《艺术的起源》中，我基本上已倾向于巫术论。以欧洲史前洞穴中野牛的黑色轮廓上有一个红色的箭头精确地出现在心脏部位为例，我认为原始的狩猎者有这样一种信仰：占有一个图画对象就意味着他有一种神秘的权利去占有那个真实的对象。另一方面，我并不主张所有艺术形式都起源于巫术，最早的艺术，其形式就具有惊人的多样性，用一种单一的理论显然无法解答各种不同形式艺术的起源问题。例如当原始人用指甲纹去使陶器的表面粗糙化，其目的无非想使它便于移动。英国美学家爱德蒙·柏克把光滑看作美的必不可少的要素，从装饰角度讲就无法解释指甲纹的起源。艺术的起源问题之所以是一个难度极大的问题，首先是因为人类祖先的原始生活已经一去不复返，它是一个绝对无法复原的历史事实。刚刚踏入人类门槛的原始人，甚至那些已经在制造“艺术品”的原始人，不可能意识到人类有朝一日竟会去探索自身发展的历史以及艺术发生的历史，因此他们应该为后人的探索有意识地贮存起某种痕迹；而当人类一旦意识到需要重视这些历史事实时，绝大多数的证据都已永远泯灭。史前考古学能提供的证明充其量只是一种挂一漏万的证明。我们不得不为原始人的实用品生产和艺术品生产之间缺乏“中间环”而苦恼。甚至在人与猿之间的“中间环”愈来愈多的证明已经开始出现的情况下，艺术起源的“中间环”基本上还只是一种理论推断。我们再也找不到原始人的歌唱、舞蹈以及关于他们狩猎生活的哑剧所留下的痕迹了，所有这些都已随着个体的消亡而消亡。只有一种艺术其生命力几乎可以和化石相等，那就是造型艺术。欧洲洞穴艺术之所以能作为旧石器时代人类文化的重要代表原因也就在于此。造型艺术中两项最重要的形式则都和火的利用有关，即旧石器时代的岩画和新石器时代的制陶。

自20世纪初以来，艺术起源的研究已形成了三种途径：一、从史前考古学角度对史前艺术遗迹的分析研究；二、对现代残存的原始部族的艺术的分析研究；三、从儿童艺术心理学方面所进行的实验性研究。我认为为了使艺术起源的研究建立在历史事实的基础上，第一种方式无疑是最重要的，其它两种只有从属的意义，它们充其量只可能提供一种猜测性的类比。唯有史前考古学的确凿材料才能肯定回答：什么地方，什么时候原来没有艺术，又从什么时候开始出现了艺术。由于1879年阿尔塔米拉洞穴的发现，这样的一种意见已被愈来愈多的人所接受，即一种比较成熟的造型艺术至少在三万年前的冰河期时就已经出现。正是依靠了史前考古学，艺术的起源问题才摆脱纯理论的假设，成为一门实证的科学。

由于一些历史原因，关于艺术起源的问题，我们的研究水平曾长期停滞在格罗塞的《艺术的起源》和普列汉诺夫《没有地址的信》这两本20世纪初出版的著作的引申或阐发上。我在《艺术的起源》中就已指出：这两部著作的共同缺陷就是对1879年以来的旧石器时代洞穴艺术的发现或是一笔带过，或是只字未提，有理由认为他们当时仍然并不知道这些史前洞穴艺术的价值，或是根本不知道它的存在。而任何一个想接近艺术起源这一命题的人，如果不把自己的立足点放在史前考古学的成果上，他的理论所得出的结论难免落空。在《原始文化研究》一书中我举出了这样的一个例子：当普列汉诺夫对别人写的《比利牛斯山游记》发表评论说，荒野的景色由于同我们厌倦的城市风光相反而使我们喜欢时，他相信他所说的这种对立原理已揭示了“美的秘密”。而真正的美的秘密却是在比利牛斯山的下面埋藏着全欧洲、也是全世界最丰富的旧石器时代的艺术。如果普列汉诺夫知道这一点，也许他就不会把这种对立原理看作是美的秘密了。

长期以来，“艺术起源于劳动”被看作是对艺术起源的唯一正确的答案，并认为这是马克思主义经典作家的结论。但是我认为这种看法是靠不住的。首先，最早、最明确提出“艺术起源于劳动”这一命题的是一些西方学者。沃拉斯切克、毕歇尔、希尔恩、梅森等人都强调过艺术起源于劳动这一命题。其次，主张艺术起源于劳动的西方学者大都把这一命题局限于音乐，强调在劳动和舞蹈中身体动作的节奏作为音乐的源泉，而并没有把这一命题进一步普遍化，引申为所有艺术都起源于劳动。第三，普列汉诺夫为了批判游戏论，主要发挥了毕歇尔舞蹈是劳动生产动作的模仿这一观点，得出劳动先于艺术这一结论。其具体的论证并没有在任何一个细节上超越毕歇尔的。第四，恩格斯说过，由于“遗传下来的灵巧性以愈来愈新的方式运用于新的愈来愈复杂的动作，人的手才达到这样高度的完善，在这个基础上它才能仿佛凭着魔力似地产生了拉斐尔的绘画、托尔瓦德森的雕刻以及帕格尼尼的音乐”①。这段话是指劳动怎样造就了手的灵巧，以至于这种体能上的灵巧性可以通过生物学意义上的遗传使一些艺术大师的艺术杰作成为可能，这段话并不是针对艺术起源问题而言的，因为它不涉及最早艺术之所以产生的原因，即我们通常说的最早艺术产生的推动力问题，因此它与艺术发生学的命题无关。恩格斯的《自然辩证法》写于1873~1886年，西班牙的阿尔塔米拉洞穴虽是在1879年发现的，但发现后就连欧洲许多考古学家都不相信此项发现的真实性，它的原始性直到1902年后才被考古学界所承认，因此这项发现并未传达到英国和德国，这是完全可以理解的。由于不知道在西班牙有此项发现，因此在恩格斯看来，艺术是发生得相当晚的。他说：“劳动本身一代一代地变得更加不同、更加完善和更加多方面。除打猎和畜牧外，又有了农业，农业以后又有了纺纱、织布、冶金、制陶器和航行。同商业和手工业一起，最后出现了艺术和科学。”② 艺术在恩格斯看来产生得比冶金还晚，在这种情况下，就很难设想恩格斯在谈到艺术时，会对它的发生学问题感兴趣，以至于能够把他所说的艺术在发生学的意义上和劳动联系起来。另一方面，从恩格斯这段话中想引申出艺术起源于劳动的命题，正如想从中引申出“打猎起源

① 《马克思恩格斯选集》，第3卷，第510页。
② 《马克思恩格斯选集》，第3卷，第515页。

于劳动”、“畜牧起源于劳动”、“农业起源于劳动”、“纺织起源于劳动”、“冶金起源于劳动”等等一样，究竟有多大理论意义是值得怀疑的，我认为恩格斯的另一段话倒是对艺术起源的命题有启发的：“宗教是在最原始的时代从人们关于自己本身的自然和周围的外部自然的错误的、最原始的观念中产生的。①”在这句话里，恩格斯用了两个“最”字，即“最原始的时代”和“最原始的观念”。任何一种艺术，至少是一种行为，而且这种行为必然要受观念的支配，最早的艺术是“最原始的观念”的产物，因此，把艺术的发生学问题和原始宗教观念联系在一起是比较合理的。我之所以比较重视巫术论、图腾论、季节符号论，不仅因为它们和原始宗教观念有一定的联系，而且也因为这些理论所包含的历史背景比较可信，它们都是和史前时代原始人的物质经济生活密切相联，尤其是和食物的匮乏联系在一起的。巫术通常是通过想象达到对对象的占有，而图腾则是把这种想象的占有提高到神圣的地位。另一方面，我认为艺术总是一种情感的产物，因此单纯的巫术论或图腾论并不能解决最早艺术形象中情感因素的起源，可以认为史前洞穴岩画中有些动物形象是原始猎人赎罪仪式的一部分，当时的原始狩猎者把部分被杀动物的形象留在岩壁上是因为他们相信这些动物的灵魂是不死的，他们吃掉的仅仅是它们的躯体而已。促使艺术发生的因素既然是这样复杂，即使对一种艺术形式来说，其推动力就可能是多元的，更不必说各种不同的艺术形式了。所以我认为多元论的解释不仅不是一种折中主义，而且是比较符合事实的。

当代一些著名的解释学者，如伽达默尔曾主张艺术作品作者的原来创作动机是无法复原的，任何一种对作品的解释都是对作者原意的超越。同样，岩画一经画成，它就是一个突出在岩壁上的虚构的艺术，各个时代的人们必然会对它进行不同的解释，从而就构成了一个画面有多种解释的解释学上的事实。然而，西方人类学家对欧洲旧石器时代艺术的研究，却指向了与伽达默尔的解释学完全相反的方向，

① 《马克思恩格斯选集》，第4卷，第250页。

它几乎完全是围绕作者意图而展开的。我承认，重建作者意图的努力，实际上只是一种历史主义的诱惑，它是十分困难的。从实证的观点看，旧石器岩画的作者原意要比近代文学家的原意更难复原，任何一种意图的重建都无法证明其绝对正确性。但另一方面，作者意图难以追寻和作者意图不值得追寻是不同的。如果放弃对旧石器时代原始艺术家创作意图的追寻，整个旧石器时代艺术的研究就会完全停顿下来。我认为不能把史前艺术的研究沉浸在空洞的美的赞叹之中，正如一枚铜锈斑斓的古币也可能给人以审美感受一样，虽然史前艺术并非出于审美的动机，它们同样可以引发审美的感受，但效果并不能作为动机的证明，最早的艺术只是作为一种原始宗教的工具或祭礼的工具而产生的。对原始人而言，部族是他们道德观念的界限，宗教祭礼则是他们艺术观念的界限。禁忌则是原始人类长期对神罚的恐惧所形成的一种文化成果，它使他们的野蛮生活得到初步约束。仅仅只要相信疾病是种天祸，就足以使原始人学会祈祷了。

在现代原始部族中，原始宗教的遗迹亦随处可见，如澳洲土著居民的“玛那”（Mana）信仰或非洲土著居民的“卡根”（Kaggen）信仰，实际上都来自对无定型的、隐藏在自然背后的神秘力量的恐惧。神的轮廓愈模糊，它的危险性就愈大，因此为神创造清晰的轮廓是必要的。最早的神的外观的创造因此而不可能是审美的。通过现代原始部族中一些宗教信仰的对比，我更坚定了对史前艺术中宗教因素的看法。

由于得到了美国著名人类学家亚历山大·马沙克（Alexander Marshack）的帮助，《原始文化研究》一书中关于旧石器时代的艺术这一部分，其考古学材料汲取了当前西方史前考古学的最新研究成果。但后来不久，欧洲旧石器时代的艺术又有了新的发现。例如1991年6月，法国职业潜水员亨利·科斯凯尔（Henri Cosquer）在距地中海海面约20～100公尺的海底，发现了距今约二万年左右的马格德林期的史前洞穴岩画，不但有马、羚羊、野牛等清晰的动物形象，而且有用吹喷法画成的红色阴型手印。1995年5月，法国又新发现了距今约三万年的洞穴岩画。又据新华社呼和浩特1993年1月

8日电，在我国内蒙雅布赖山的三个洞穴中也首次发现了距今约三万年的39个手印，它们也都用吹喷法画成。不同民族在原始文化模式上如此接近，这实在是一个非常值得研究的问题。实际上，一些最基本最重要的艺术形式，如绘画、雕塑、舞蹈、歌唱以及神话为内容的口头文学，几乎在所有古老民族的原始文化中都存在，具体的艺术类型的分化则是近几个世纪以来才发生的事情。以总体上说，各民族文化的趋同性一开始就非常明显，后来才慢慢显示出差异性。研究这种趋同与差异的发展变化过程，可能是未来的文化研究必然会涉及的问题。如果有可能，我想在这方面继续做一些力所能及的研究。

（原载《今日中国哲学》，广西人民出版社，1996年版）

西方美学中"审美对象"概念的历史进程

一、处于多维交叉中的"审美对象"

究竟什么样的对象才能算作是审美对象，什么样的对象不能算，这个问题似乎容易回答，其实不然。因为人类的审美活动本身就是一个极其复杂的动态系统，审美对象的概念的出现及其变化本身就是一种历史现象。这里，一个比较尖锐的问题是要不要为审美对象划定一个范围？在当今西方美学中，虽然由于"审美态度"理论的流行，"审美对象"的概念变得愈来愈具有开放的性质，但还是有人提出，有些事物不能算作审美对象。只有美的对象而不是丑的对象才能算作审美对象。① 这样的要求对不对呢？要回答这样的问题，就有必要追溯一下历史。

对柏拉图来说，并不存在什么"审美对象"而只有"美的对象"。对古希腊和中世纪的哲学家来说，美是一种主要的价值，而且总有一种普遍的概念对美作出明确的规定。柏里图、亚里士多德、普罗提诺、奥古斯丁、托马斯·阿奎那等都对美的存在深信不疑，并不想到要为美的存在去提供任何一种证明，美的对象就是美的存在的一

① 例如罗伯特·L. 齐默尔曼（Robert L. Zimmerman）就提出："我们能确定诗和大合唱是审美对象，大多数人也会认为被雪覆盖的山和微光闪烁的日落景色具有审美价值，但畸形的儿童，虐待狂者的兽行，排泄物是否也具有审美价值？"见罗伯特·L. 齐默尔曼：《任何对象是否都是一个审美对象?》，载《美学与艺术批评杂志》1966 年冬季号。

种证明，而这种态度在近代思想家那里则渐渐消失了。这样，我们就涉及到“审美对象”概念在多维交叉中的第一个方面，即从“美的对象”发展到“审美对象”的历史进程。

“审美对象”是由“美的对象”发展而来的。这一过程可概括为美的贬值和丑的增值的过程。第一步是由E. 柏克对美和崇高所作出的区别开始的。半个世纪以后，杜格尔德·斯图尔特（Dugald Stewart）在他的《哲学论文集》中又重复了柏克的观点。柏克以前，A. 爱迪生虽没有用“崇高”一词，但已用“巨大”（the great）一词把它和美作了区别。在柏克之后，亚历山大·杰勒德（Alexander Gerard）又重申了“美的对象是分为不同种类的”。① 意思是说美和崇高虽然不同，但都是美的对象。这时，“审美对象”的概念虽未出现，但由于“美的对象”已分裂成美的对象和崇高的对象这样两种不同的类型，美因此就丧失它独一无二的地位。“美的对象”就向“审美对象”跨出了最重要的一步。② 第二步则是由洛德·卡门斯（Lord Kames）在巨大与崇高之间作了区别。③ 这一步看来并不太重要，但在“美的对象”向“审美对象”过渡中无疑增加了一种多元的复杂色彩。第三步又是至关重要的即“丑”（ugliness）进入审美领域。贯穿着整个古希腊、中世纪美学的就是对“丑”缺乏研究，亚里士多德在《诗学》中虽然提到丑的事物经过摹仿可以引起快感，但并没有把“丑”看作是一种重要的研究对象。18世纪末，在德国浪漫主义思想和唯心论辩证法的影响下，一些美学家开始去调和美与丑之间的这种对立。1797年，德国浪漫主义代表F. 史雷格尔（F. Schlegel）把美的含义看作是多元的，它包括“辛辣”（piquant）、“震惊”（striking）、“剽悍”（daring）、“残酷”（cruel），甚至“丑”（ugly）

---

① 亚历山大·杰勒德：《论趣味》，伦敦，1959年版，第3页。

② 这一步的后继者是很多的。如托马斯·理德（Thomas Reid）在《论人的智力》，1863年版，第1卷，第493页中，A. 阿里生（A. Alison）在《论鉴赏力的性质和原理论文集》纽约，1858年版，第一、二部分中以及康德在《判断力批判》中都对崇高和美作了区别。

③ 参见洛德·卡门斯：《批评的要素》，纽约，1885年版，第129页。

等等。认为莎士比亚之所以伟大就在于他的作品像大自然一样，让美丑并举。1819年，K. W. 索尔格（K. W. Solger）认为美与丑是"相反相成"的。1830年，Ch. H. 魏瑟（Gh. H. Weisse）在黑格尔辩证法哲学的鼓舞下提倡一种所谓的美的辩证法，认为可以同时把崇高、滑稽、丑和美一起纳入到这种美的辩证法领域中去。1853年，J. K. F. 罗森克兰（J. K. F. Rosenkrang）出版了一本名为《丑的美学》，为审美中丑的各种品级提供了一个等级森严的体系，其中包括滑稽这种特殊形式对"美"的创造。60年以后，M. 沙斯尔（M. Schasler）就在这种意义上主张丑可以进入到美的领域中去。现代的一些西方美学家，或者像哈罗德·N. 李（Harold. N. Lee）那样，把丑看作是一种否定性的审美价值，或者像乔治·桑塔耶那那样，把丑看作是一种肯定性的审美价值。或者像鲍桑葵那样，把丑看作是"审美上卓越的东西"。

当然，这并不是说所有美学家都接受了包括丑在内的"审美对象"的概念，有些美学家则是希望在"审美对象"与"美的对象"之间划等号。但从美学史的发展来看，"美的对象"过渡到"审美对象"基本线索是清楚的。其结果也正如杰罗姆·斯托尔尼兹（Jerome Stolnitz）所说的那样："艺术中那些鼓励人们对丑的、阴郁的或平凡事物发生兴趣的运动，最后把鉴赏力的界限推进到几乎把所有可以想象到的对象都看作有资格进入到鉴赏的界限之内。当然这是思想史上非常复杂的一章。但它的轮廓却可以通过对近代美学中'美'的范畴的扬弃而向人们隐约地显示出来。"① 当然，斯托尔尼兹说得有些言过其实。"美"并没有被扬弃，但"丑"一旦进入了审美价值的范畴，"美"的唯我独尊的地位自然就受到冲击。自此以后，"审美对象"的概念获得了"美的对象"所没有的含义。这条从"美的对象"过渡到"审美对象"的线索是"审美对象"这一概念在历史的多维交叉过程中发生得较早的变化之一。理解这一环节不仅对我们理解今

① 杰罗姆·斯托尔尼兹：《论夏夫兹博里在近代美学理论中的重要性》，《哲学季刊》，1961年4月号。

天西方美学中“审美对象”的内涵有所帮助，而且也为我们理解今天西方出现的某些所谓“反审美”的艺术作品提供了一种理论背景。

“美的对象”转变为“审美对象”，后者的范围自然要比前者宽泛得多，但“美的对象”并未完全丧失其意义。我们通常不把滑稽的对象称之为美的，它只是审美对象，这种说法就意味着“审美对象”包括了从美的对象到丑的对象的各种类型。

“艺术作品”、“审美对象”、“美的对象”这三个概念是有所区别的。“艺术作品”是指人所创造出来的具有一定审美价值的人工制品；“审美对象”则指一切有审美价值的对象，既包括美的对象也包括丑的对象，既包括自然对象，也包括艺术作品；“美的对象”则指审美对象中的一种类型。并不是所有审美对象都是美的，也不是所有艺术作品都是美的，而所有艺术作品和美的对象都属于审美对象，所以在这三个概念中，“审美对象”是最具有包容力的。

在19世纪，F·史雷格尔对美的看法已表现得非常激进，他说“美”对艺术而言，是种不必要的累赘，“美的艺术”的说法也不免令人生疑。认为美“这个附加词侵害了研究的过程，超出了艺术存在中既有的纯粹事实”①。20世纪初，鲍桑葵以理论分析替代了对“美”的抱怨。他认为由于“美”这个字用起来有程度之别，因此，最后要在什么是“美”和什么不属于“审美上卓越”的东西之间划出界限是不可能的。所以只能把“美”扩充为包括丑在内的一切审美上卓越的东西。认为我们简直不能说丑表现了什么，因为一旦承认它表现了什么，它就会因此而成为美。也就是说不可克服的丑是没有的。因此，“要寻找不可克服的丑，主要是在有意识致力于美的表现的范围内去找——一句话，在不忠实和矫揉造作的艺术领域中去找”②。这段话很有意思，也就是说譬如我们知道某种模仿大理石而又不如大理石的东西是丑的，因为我们知道这种模仿行为的动机。我

① 转引自《欧洲古典主义作家论现实主义和浪漫主义》，第二集，1981年版，第358页。

② 鲍桑葵：《美学三讲》，中译本，1965年版，第55页。

们之所以发现它丑是因为我们知道它企图表现美而又失败了，这样的丑才是不可克服的真正的丑。这种艺术中存在的不可克服的丑，和亚里士多德所说的因观众的软弱而畏惧悲剧精神毫无关系。反之，一滴汽油落在水中所出现的奇异花纹和光彩，甚至一堆五颜六色的垃圾，由于它们本来就不想表现什么，有时反倒能给人以感官上的愉快。这样一来，真正的丑，即那种不可克服的丑，其地盘是不大的。

“美的对象”被“审美对象”所替代，导致了一些当代西方美学家用新的观点去重新解释某些古典作品和现代作品。如M. C. 比尔兹利（M. C. Beardsley）就认为：“如果‘美’这个词真的有任何清晰和确定的意义，我想它依然不适用于像《俄底浦斯王》、《魔山》、《李尔王》这样的作品……这些艺术作品的作用可以是有力的、庄严的、可怕的，但却不是美的。”①

丑的对象进入审美领域，从而成为审美对象，在20世纪30年代的有些美学家看来还是有些问题的。K. 吉尔伯特（K. Gilbert）曾认为假如我们把“美”这一术语引申到超出愉快之外，那就几乎等于说任何东西在任何意义上都是美的，这样，还有什么地盘留给丑呢？这种看法等于说没有什么东西是丑的了。这和伦理学家所说的“一切理解都是谅解”（“tout comprendre c'est tout pardonner”）正好完全一样，也就等于说世界上任何一种事物的外观在任何情况下都可以是一个肯定的价值。② 吉尔伯特提出的问题部分已由于“审美对象”对“美的对象”概念的替代而解决了，部分已由鲍桑葵对不可克服的丑的论述而解决了，部分则仍未解决。尽管鲍桑葵对“不可克服的丑”和“艰难的美”作出了区分，它们之间还常常容易混淆。有些人（包括一些美学家在内）在日常语言中往往是把美的事物看作是一些漂亮的、令人愉快的东西，而把丑的事物看作是一些不漂亮的、不能引起人的愉快的东西。当他们说某一伟大的艺术作品不是美的而是丑的时候（例如像毕加索的《格尔尼卡》），他们所说的

① M. C. 比尔兹利：《美学》，纽约1958年版，第509页。

② K. 吉尔伯特：《新近的美学研究》，第162～163页。

"丑"实际上指的是鲍桑葵所说的那种"艰难的美"。现在剩下的问题只有一个，那就是除了鲍桑葵所说的实际上只有在艺术中才存在的"不可克服的丑"以外，是否还有一种永远不可能成为审美对象的丑的东西？这也是本文开头齐默尔曼和这里吉尔伯特所提出的问题。我想这样的东西应该是有的，就是说，"审美对象"只能包括一部分丑的事物而不能包括全部的丑的事物。例如畸形儿童可能成为审美对象，而排泄物却永远不可能成为审美对象也许就是一个例子。如果所有事物都能无例外地成为审美对象，那么"审美对象"的概念就将因为没有界限而毫无意义。即使把审美对象定义为审美态度的对象，这样的定义仍然是有界限的，因为某些事物在任何情况下都不可能对它保持审美态度。

目前，就绝大部分当代西方美学家来说，至少在有关艺术的论述中，"审美对象"的确已取代了"美的对象"。蒂莫西·宾克里（Timithy Binkley）说："美的存在对于艺术来说既非必要条件亦非充分条件。现代美学爱好者可能会认为鲍姆嘉通的'感觉的科学'只是一种快要断气的事业，它仅仅适合于现代美学以前那种全神贯注于美的观念的美学"。① 当然，鲍姆嘉通对美学的定义未必会因为"审美对象"对"美的对象"概念的替代而断气，因为"审美对象"正如"美的对象"一样，仍然必须是感觉的对象，一种不能感觉的对象不可能成为真正的审美对象。但是，我们在希腊雕塑中看到的造型的美，在莎士比亚戏剧中读到的语言的美，在贝多芬交响乐中听到的旋律的美，在当代西方的抽象主义雕塑中，在荒诞派戏剧中和摇滚乐中确已不复存在。

正如任何美学概念的发展都不是单线发展的那样，"审美对象"概念在美的贬值和丑的增值的历史进程中，还有第二条线与之并行，那就是艺术创造中摹仿论向表现论的发展。它使作为审美对象中最典型的、最集中的体现者的艺术作品的价值观发生了巨大的变化。艺术

① T. 宾克里：《反审美的艺术作品》，《美学与艺术批评杂志》，1977 年春季号。

中的表现论源自于浪漫主义运动。A. C. 布雷德利（A. C. Bradley）曾断言，浪漫主义艺术家的“兴趣的核心是人的内心世界，是人物的情感、思想、欲望等诸方面，而不是场面、事件、情节等诸方面”①。艺术从客观世界的再现转向对人物内心世界的刻画并不只是浪漫主义者过去时代里片面强调艺术要再现事物外貌的回答，最主要的是他们认为艺术最重要的目的是去唤醒人们的内心生活，也就是说要用表现作品中人物的信仰、热情和力量去唤醒现实生活中人们的信仰、热情和力量。情感的力量被认为是艺术的生命力所在。早在17世纪末，当批评家和诗人群起而反对理性主义者所制订的各种艺术法则的限制时，就已经开始去强调艺术中的情感因素。到了18世纪中叶，要求艺术去表现人的情感已经达到了充分的势力足以去推动文艺从理性主义者所倡导的各种法则的紧身衣（strait－jacket）中解放出来。卢梭就曾指出：“在一切摹仿的行为中，是包含着精神的因素的，这样，就可以解释为什么‘美’在表面上好像是物质的，而实际上不是物质的”。② 而卢梭在《忏悔录》中所表现出来的坦率的内心生活的流露本身就是这个强调情感时代的一个最好例证。这样的一种时代思潮也就影响到对审美对象的看法：一个理想的美的对象不一定在外形上是美的，主要是一种内在的美，表现的美，情感的美。法国作家费纳隆（M. Fénelon）说过：“只是美丽的，也就是说只是光彩的美，只能算是一种不完整的美；要使美表现出感情以激起读者的感情；美应该打动心灵。”③ 这也就是说，不具有表现情感的任何客体的美，都只是一种不完整的美。审美对象之所以为审美对象，与其说在于客体自身的美，还不如说在于主体附丽于客体之上的表现的美，情感的美。19世纪英国风景画家康斯坦布尔（J. Constable）

---

① A. C. 布雷德利：《在牛津关于诗的讲演》伦敦，1926年版，第15页。

② 卢梭：《爱弥儿》，中译本，1981年版，下卷，第500～501页，《忏悔录》，中译本，第一部，1980年版，第181页。

③ 转引自《欧美古典作家论现实主义和浪漫主义》，第二集，1981年版，第26页。

说："心灵的语言是宇宙中唯一的语言。……绘画对我来说只不过是情感的另一名称"。① 路德维格·蒂克（Ludwig Tieck）说："我想摹仿的不是树也不是山，而是那瞬间统治着我的灵魂和我的心情。"② 在他们看来，艺术中出现的事物的美，与其说是来自客体的再现，还不如说来自艺术家主观的感情的表现。表现论在创作方法上和摹仿论的对立，主要有两方面：一方面是抛弃那种把艺术看作是自然忠实的摹本的看法，另一方面是抛弃新古典主义者所提倡的所谓的"理想的摹仿"这种形式。按照新古典主义的理论，理想的摹仿形式绝大部分只是对自然中美的形式的选择和联结。传统的摹仿论和新古典主义者所提倡的摹仿论其主要观点是认为美主要来自客体，而表现论则认为美主要是来自主体，即艺术家的情感表现。这样一来，在艺术理论中摹仿论逐渐被表现论所替代的同时，这一替代由于在实质上是主观的美（即表现的美）对客观的美（即摹仿的美）的取代，因此这一取代的进程是和美学理论中主观论对客观论的取代相同步的。在主张事物的审美价值是一种表现的理论家看来，一个畸形的儿童，一个虐待狂者都可以是审美对象，只要某种表现的因素能从中体现出来。

克罗齐、科林伍德的表现论直到第二次世界大战时仍在美学理论中占绝对优势。第二次世界大战后，它在苏姗·朗格的美学理论中变得更加精致了："艺术是人类情感的符号形式"。她甚至把客观论所经常使用的"特质"一词作了新的解释，认为"这种特质就是情感的反映"③。另一些美学家认为："在艺术创作中所发生的一切是艺术家自身情感的发现……艺术也就是在一个对象中'体现'这种情感表现的企图。"④ "当一个知觉对象被'想象'地加以静观时，即它的出现正好就是它的一些特质和形式表现或表达了某种价值意义

① J. 梅恩（J. Mayne）编：《康斯坦布尔生平传记》，第85页。

② 路德维格·蒂克：《工作中的弗朗兹·斯顿伯特》，第1卷，第894页。

③ 苏姗·朗格：《情感与形式》，纽约，1953年版，第40页，《论人类情感》第1卷，巴尔的摩，1967年版，第106页。

④ C. J. 杜卡斯（C. J. Ducasse）：《艺术，批评和你》，纽约，1944年版，第53页。

时……它的全部复杂性一下子呈现于我们面前，我们就称它为‘审美’对象。”① 一旦“表现”，被看作是审美对象的一种主要因素时，审美对象的概念再一次被扩大了。

E. F. 凯雷特（E. F. Carritt）曾把表现的等级分为三种意义的层次。第一种是“广延性”（extension）上的区别。例如一个单词和一篇小说之间的区别；第二种是表现的“等级”（degrees）的区别。例如济慈（Keats）以希腊神话题材写的长诗《许珀里翁》（Hyperion），其修改稿要比第一稿更有表现力。第三种是表现深度（depth）的区别。这种深度就体现在要把最难驾驭的各种相对独立的因素在艺术中组成一个融合的整体。比较奇怪的是凯雷特认为济慈的《许珀里翁》虽然修改稿要比原稿好些，但它所表现的是“完全相同的情感”，这就令人不解了，② 而“表现”的概念在艺术家那里远比在美学家那里激进。

绘画中的抽象主义泛指一切反对把绘画看作是一种摹仿的新的绘画流派。它的出现给“表现”概念带来了深刻的影响。它有两个明确的含义：一是将自然的外观形象简化成单纯的形象；二是指完全与自然的外观形象无关的艺术家的主观构成。“抽象表现主义”是美国画家阿什海尔·戈尔克（Arshile Gorky）在1946年提出来的。他强调无意识的造型和颜料在抛滴时产生出来的偶然形态中所表现出来的潜意识中的自我。哈罗德·罗森伯里（Harold Rosenbery）在1952年提出“行动绘画”后，抽象表现主义又分为“行动派”和“寂静派”。由一些激进的抽象主义艺术家所使用的“表现”概念，与一些主张艺术是种完美表现的美学家所说的“表现”已经不能发现有什么共同点了。克罗齐曾声称：丑先要被征服，才能收容于艺术；不可征服的丑，例如“可嫌的”和“令人作呕的”，就不能收容于艺

---

① 阿诺·理德（L. A. Reid）：《美学研究》，伦敦，1931年版，第43页。

② E. F. 凯雷特：《美的理论》，纽约，1914年版，第214～215页。

术。① 这一点并不为一些艺术家所遵守，某些西方艺术家所主张的"表现"的概念是不受任何理论所规范的。由这样的"表现"所扩大的"审美对象"，"艺术作品"的概念是很难有界限可寻的。例如，当法国达达主义者 M. 杜尚（M. Duchamp）于 1913 年创造了《高脚凳上的自行车轮》以来，开创了一个以"现成物品"（ready-made）作为艺术品的先例，抛弃了艺术是种摹仿的传统观念。当他为《蒙娜·丽莎》添上山羊胡子，并标以"L. H. O. O. Q"的标题时②，这样的"艺术作品"也可以说是具有表现性的。这样一来，由于对"表现"概念作了无限制的膨胀，确定究竟什么是审美对象，什么是非审美对象，什么是艺术，什么是非艺术，就成了西方美学的当务之急。

表现论是随着浪漫主义思潮的兴起而兴起的，对浪漫主义者来说，理想的审美对象不仅需要人的意志和活力，甚至应包括怪诞、荒唐、奇异和纵欲这些因素。这就不能不对艺术发生深刻影响。黑格尔曾形象地把古典艺术比作希腊雕塑中的神，但它是没有视觉的神，而浪漫艺术的神却是长着眼睛可以看清事物的神。黑格尔之所以用这种比喻，无非想强调浪漫艺术在反映现实生活方面具有更大的可能性："它并不怕采用客观现实中有限事物的一切缺点。因此，在浪漫型艺术里再见不到理想的美。"③ 黑格尔认为"美"是最一般的美学范畴，它在美学中的地位如同"有"在逻辑中的地位一样，是构成他的美学的核心概念，艺术是否具有美，是艺术与非艺术相区别的最重要的标志。因此，当他认为一旦到了艺术不再是美的时候，"就它的最高的职能来说，艺术对于我们现代人已是过去的事了"④。黑格尔在当时已看到了浪漫主义的两重性：它既可以把现前的东西照实反映

---

① 克罗齐：《美学原理·美学纲要》，中译本，1983 年版，第 98 页。

② "L. H. O. O. Q"是法语"elle a chaud an cul"快读的谐音，意思是"她有一个温暖的屁股"。杜尚想以此来表现他对传统艺术典范作品的蔑视。

③ 黑格尔：《美学》，中译本，1959 年版，第 2 卷，第 286 页。

④ 黑格尔：《美学》，中译本，1959 年版，第 1 卷，第 12 页。

出来，也可以歪曲外在世界，把它弄得颠倒错乱，怪诞离奇。歌德更是非常明确地说过：“我把‘古典的’叫做‘健康的’，把‘浪漫的’叫做‘病态的’，最近一些作品之所以是浪漫的，并不是因为新，而是因为病态，软弱；古代作品之所以是古典的，也并不因为古老，而是因为强壮、新鲜、愉快、健康。如果我们按照这些品质来区分古典的和浪漫的，就会有所适从了。”①

当然，并不是所有的西方艺术家都主张一种极端的“表现”概念。就绝大部分美学家而言，他们更是愿意把“表现论”看作是对“摹仿论”的一种合理的发展。例如 M. 杜夫海纳（M. Dufrenne）就认为：古典美学主张一幅绘画之所以是美的，是因为它再现了一个美妇，一首诗之所以是美的，是因为它详细地叙述了一个事件，它企图把艺术作品的优点归之于原型事物。从文艺复兴到 19 世纪，几乎所有西方文化都建立在这样的偏见上，而今天我们已认识到那些最伟大和最美的作品并非因为它们的题材是最伟大和最美的，“相反，有意义的对象是以它所表现的意义来判断的”②。

自 19 世纪以来，表现论逐步地替代了摹仿论，致使审美对象的概念和艺术作品的价值观都发生了深刻的变化，但表现论本身还有一些重大的理论问题需要进一步探讨。如“表现”既然是一种意识状态，为什么它能进入到青铜塑像中去呢？当它进入塑像中去之后，它又在哪里存在呢？一种色彩或声音怎么会显得高兴呢？齐默尔曼正是在这样的意义上提出了对“表现”这一概念的根本性质疑。他认为，说一个实体表现了某种意识状态，即表现了一种情感，实际上在逻辑上是使人迷惑不解的。因为“表现”一词的平常意义是指一种过程，在这过程中，一个实体里面的东西向外显示出来，这里所发生的是一

---

① 《歌德谈话录》，中译本，第 188 页。歌德由于预感到欧洲文化面临的衰落，因此他可能是最早提出“精神文明”的思想家。他说：“如果一个有才能的人想迅速地幸运地发展起来，就需要有一种很昌盛的精神文明和健康的教养在那个民族里得到普及。”（《歌德谈话录》，中译本，第 141 页）。

② M. 杜夫海纳：《审美经验现象学》，英译本，埃文斯顿，1973 年版，第 117 页。

种“驱赶”（ejecting）活动。如果“表现”是用在这种意义上，那么情感在实体中的存在必将先于被实体所驱赶，因此可以提出这样的问题：情感在一个审美对象中究竟是在什么地方并以什么方式存在的呢？齐默尔曼对苏姗·朗格的表现论也提出了质疑。苏姗·朗格曾说：“我们称之为‘音乐’的音调结构与人类情感形式有着密切的逻辑相似性——生长与衰退，流动与停滞，冲突与消解……音乐是情感生活的音调比拟。”① 对此，齐默尔曼说，我们能那样简单地接受这种解释，即所有生长和衰退等术语所具有的现象学上的意义就能去说明所有审美对象的特征吗？音乐是生长吗？是永恒的消逝吗？“假如两种结构所具有的共同形式是同质的，那么其中一种形式才可以说是另一种的符号，但两种结构所具有的共同形式不是同质的话，那么其中一种形式就不能说是另一种的符号了。”②

尽管表现论的基本内涵受到一些非难和质疑，但它无疑是有史以来除了摹仿论以外，影响最大的一种美学理论。它对“审美对象”概念的影响是不言而喻的，对“艺术”概念的影响则更为明显。这是“审美对象”在多维交叉中的第二条线。从美学史和艺术史的发展来看，这条线索的基本脉络也是比较清楚的。

组成审美对象多维交叉的第三条线是最重要的，那就是美学中主观论对客观论的替代。这一替代对“审美对象”这一概念内涵的影响是最大的。

虽然在柏拉图看来，什么是美和什么是美的事物是两个问题，但在他看来，美的事物必须具有美的特质：“这美本身把它的特质传给一件东西，才使那件东西成其为美。”③ 这里所说的美的东西和美的特质，就是后来客观论者坚持了二千多年的审美对象与审美特质的关系。他们认为审美对象之所以是审美对象就在于它有一种审美特质，

---

① 苏姗·朗格：《情感与形式》，纽约，1953年版，第7页。

② 齐默尔曼：《任何对象是否都是一个审美对象?》，载《美学与艺术批评杂志》1966年冬季号。

③ 朱光潜译：《柏拉图文艺对话集》，中译本，1980年版，第184页。

而非审美对象是不具备这种特质的。在柏拉图看来，美的特质是由美的理念传授给具体事物的，但这种美的特质究竟是什么，柏拉图从未加以清楚的说明。同时，由于柏拉图认为存在着一种永恒的、无始无终、不生不灭、不增不减的美的理念，一切美的事物都以它为源泉，有了它，一切美的事物才成其为美，因此，在柏拉图的三个概念中，“美的理念”是最神秘的；“美的特质”其次；“美的事物”则是非常具体的。一个年轻小姐、一匹母马、一个竖琴、一个汤罐都是美的事物，它们并无什么神秘性可言。后来的客观论者抛弃了柏拉图神秘的美的理念，却保留了他的审美对象即具有审美特质的对象这一传统观念。那么什么样的审美特质才能既适合于一个年轻小姐又适合于一个汤罐呢？显然，一种审美特质愈具体，它也就愈难具有普遍的适应性。因此，所谓审美对象是某种“有机整体”的思想就提出来了。一个审美对象也就是由比例适当的各部分所组成的有机整体。但是任何事物都是由各部分所组成的有机整体，那么审美对象和非审美对象的区别又在哪里呢？这种理论认为，区别就在于在非审美对象中，各部分的比例是不适当的，例如畸形就是比例的不适当，因此，它们虽然也能组成一个整体，却不是一个美学概念上“完美”的整体。那么怎么去判断某种事物是否是比例适当的有机整体呢？回答只能是由效果的分析得来的，它的效果就是“和谐”。吉尔伯特（K. Gilbert）和库恩（H. Kuhn）说：“像我们所知道的那样，几乎所有时代的艺术哲学都把和谐看作美的同义语或把它当作艺术家的一种目标来加以接受的。”① 可见这种看法影响之深远。在相当长的历史时期内，和谐都被当作由审美对象的有机整体这种审美特质所产生的客观效果，它是所有审美对象最普遍、最共同的一种特征。任何对象只要缺乏这种由有机整体产生的和谐，就应被排除在审美对象之外。例如 H. 帕克（H. Parker）认为：艺术“首先是一种……有机整体的原则，通过这一原则，就意味着艺术中每一种因素对其价值来说都是必需的，凡是不属于这种必需的因素就不能包含在其中。这里所有的一切都是

① K. 吉尔伯特和 H. 库恩：《美学史》，伦敦，1953 年版，第 186 页。

必需的……然而，艺术作品作为一种整体要有赖于它的各种因素之间的各种相互关系。而它们的每一种需要，则回答了其它因素的要求”①。客观论所论证的审美特质，虽然不限于这类有机整体的理论，但这种理论无疑是生命力最强的客观论。如美国当代美学家J. K. 菲布尔曼（J. K. Feibleman）虽然把美归结为一种“内部感官”，但他认为这种内部感官的作用就在于它能对比例适当或和谐，也就是对美的“性质状态有一种特殊的感觉能力”②。为了回答主观论提出的命题：假如美是客观事物的一种特质，那么何以人们在审美判断方面会产生不一致呢？盖伊·塞西洛（Guy Sircello）认为：美虽然属于物，但并非所有事物都具有美的事物所具有的一种特质。如果有人问：为什么我们会发现某种事物是美的，我们可以回答说，事物的美就在于它的许多特质中“有某一些特质是美的”。虽然塞西洛避免用“审美特质”一词，但意思是差不多的。他认为事物的某一些特质得到高度呈现时，它们有助于构成事物的美。事物的各种特质是相互制约的，判断美也就是去平衡事物各种相关的特质。由于一些客观论者把审美判断归结为去感受事物所具有的各种特质，塞西洛承认要去解释为什么人们在审美判断上存在不一致的现象是比较困难的。他假设这可能是由于一个审美对象包含有一些特质，甲注意了某一特质，而乙注意了另一特质。这样，塞西洛认为想期望“美的判断存在着一致性几乎是不可思议的”③。那么审美愉快是从哪里来的呢？塞西洛认为虽然美完全是由事物的特质所决定的，但美与愉快仍有联系，因为我们在看一件美的事物时，我们不仅由于能清晰地看到这些事物而感到愉快，而且主要是因为我们看到了那种使事物凸显出来的那种特质而感到愉快。存在于事物中的这种特质的清晰性由于它能大大提高知觉的清晰度，因而必然会使人感到愉快。

---

① H. 帕克：《艺术的分析》，载M. 雷德（M. Rader）编：《现代美学著作》，纽约，1952年版，第357页。

② J. K. 菲布尔曼：《美学》，纽约，1949年版，第155页。

③ G. 塞西洛：《美的一种新理论》，普林斯顿，1975年版，第113页。

客观论者对审美对象的种种看法这里不再一一介绍了，现在就转到主观论对审美对象的一些看法上。

主观论在古希腊和中世纪都有，但真正兴起则始于18世纪。虽然有些美的定义很难说是主观论或客观论的，① 有的主观论者对美的看法也并不涉及审美对象问题，② 但就其主要方面来说，由于绝大部分美的定义都与"审美对象"有关，因此，主观论对客观论的取代，对"审美对象"概念的内涵的影响是最大的。18世纪的理性主义者和经验主义者，都在很大程度上把美主观化了。第一种类型如莱布尼茨和斯宾诺莎。对莱布尼茨来说，美是个难以捉摸的朦胧概念，难以把它的特征一一列举出来；对斯宾诺莎来说，人们在审美趣味方面的不一致，甲以为美，乙却以为丑，这就意味着美是主观的。第二种类型是英国经验主义美学家，他们都把美的概念建立在主体上而不是建立在客体上。例如哈奇生就认为："美一词可以看作是产生于我们观念之中的"。又说："美……指的是人的心灵所能得到的一种知觉作用。"③ 阿里生在《论鉴赏力的性质和原则》中认为："各种形式的美的出现总是和我们对它的联想联系在一起的。"这样，在审美对象的构成因素上，主体的想象、联想、趣味、愉快等因素就取代了客观论所主张的"有机整体"、"和谐"等审美特质的因素。虽然在认识论上理性主义者主张用理性来作为中介以达到主客观的一致，经验主

① 如R. W. 埃默森（R. W. Emerson）把美定义为："真，善，美是同一'全'的不同面貌。"载R. W. 埃默森：《自然》，纽约，1903年版，第24页。艾伯特·J. 斯坦斯（Albert J. Steiss）认为"美是浓缩了的真理的一种特殊的质"。载A. J. 斯坦斯：《艺术哲学概论》，《托马斯主义者》，1940年1月号，第47页。这些定义都带有先验论的性质。它一般不涉及审美对象的问题。

② 如社会学论（sociologism）的形式，它认为美依赖于社会结构。还有人主张美要依存于历史状况（historic situation），所有时代都有它自己的美。而一种惯例论（conventionalism）则认为美是对一种因袭惯例的采用。所有这些理论基本上都是主观论的，它们也并不涉及什么是审美对象的问题。

③ 哈奇生：《对美和德行两个概念起源的探讨》，伦敦，1753年版，第8～9、11页。

义者主张用知觉来作为中介以达到主客观的一致，但理性主义者并不完全排斥感觉经验，经验主义者也并不完全排斥理性能力的作用，比起古代来，双方都在很大程度上把美主观化了。不仅是经验主义者强调联想的作用，理性主义者也同样如此。斯宾诺莎说："如果一个军人看见沙土上有马蹄痕迹，他将立刻由马的思想，转到骑兵的思想，因而转到战事的思想。反之，乡下农夫由马的思想将转到他的犁具、田地等等。所以，象这样，各人都按照他习于联结或贯串他心中事物的形象的方式，由一个思想转到这个或那个思想。"① 这样，知觉到什么和理解到什么被看作两回事。知觉到的东西其具体的意义要由联想来决定，而联想到什么则完全取决于知觉者的历史和经历。如果在理性主义者那里是理性在先，改变了知觉的内容，那么在经验主义者那里，则是知觉在先，但却被理性改变了。洛克说："我们由感觉所得的各种观念在成人方面常常不知不觉地被判断所变化了。"② 这样一来，无论对理性主义者或经验主义者来说，任何一种对象，其可见外观及其意义不仅被看作是依赖于知觉的，而且被看作是依赖于判断的，因此它是因人而异的。同一种刺激物在不同个体上必然会产生出相同反应的看法实际上已被抛弃。到了当代，这种看法通过引申被用来解释审美对象。J. O. 厄姆森（J. O. Urmson）曾这样写道："并没有专门的一类对象才算是审美反应和审美判断的唯一和适当的对象。……如果审美对象不能通过一系列特殊的对象来指明，那么就有理由去认为，审美标准只有我们寻找客观对象的某种特征，并使我们引起审美反应和审美判断时才能被找到，因此把美与丑看作是客观对象的一种特征是成问题的。"③ 这里，审美对象的内涵完全变了，客观论者所坚持的审美对象之所以为审美对象，就在于它本身的审美特质的观点已被抛弃，在主观论者看来，审美对象的特征只有在审美主

① 斯宾诺莎：《伦理学》，中译本，1981 年版，第 61 页。

② 洛克：《人类理解论》，中译本，上册，1981 年版，第 111 页。

③ J. O. 厄姆森：《审美情境是由什么造成的?》，引自 W. E. 肯尼克（W. E. Kennick）：《艺术与哲学》，纽约，1979 年版，第 399 页。

体的审美反应中才能找到。

我们从客观论和主观论对于美的本质的争论中可以看到，这种争论在很大程度上不仅与审美对象直接有关，而且往往就是对审美对象之所以为审美对象的构成成分和原因的争论。

以上我们已概括地描述了美学史上这样三条基本的线索：

第一条线索是由“美的对象”发展到“审美对象”；

第二条线索是由“摹仿论”发展到“表现论”；

第三条线索是由“客观论”发展到“主观论”。

而“审美对象”的概念正是处在这种多维交叉的交叉点上。因此，它是美学中最活跃、最有变易性的概念就不足为怪了。

二、作为美学研究重大课题和美的本质争论焦点的“审美对象”

我们可以看到，至少在一部分当代西方美学家中，审美对象已愈来愈成为他们美学研究的重大课题。例如 H. 帕克就明确说过：“美学科学原是要对美的对象和我们关于美的对象的判断以及我们创造这些对象的行动动机等，求得一个明确的一般观念。”① 约翰·霍斯帕斯（John Hospers）认为：“美学是哲学的一个分支，它涉及概念的分析以及当我们静观某些对象时对所引起的那些问题的回答。”② 乔治·迪基（George Dickie）所制定的“美学的领域”则是由三种“审美经验的对象”所组成，它们是审美对象、艺术作品和批评对象，也就是说至少前两种都是审美对象。③ 虽然当代西方美学的课题已从美的本质的研究转向对审美经验的研究，但正如迪基所指明的那样，任何审美经验都需要审美对象来作为一种经验的对象。对 M. 杜

---

① H. 帕克：《美学原理》，中译本，1965 年版，第 2 页。

② 约翰·霍斯帕斯：《为 1967 年〈哲学百科全书〉所写的〈美学〉条目》。

③ 乔治·迪基：《美学导论》，罗博斯-梅墨尔公司，1971 年版，第 45 页。

夫海纳来说，详细论述审美对象至少有三条理由：（一）审美对象是经常碰到的，它作为一个封闭的整体呈现于知觉，从而能对它作出精细的描述；（二）从现象学的方法来看，涉及对象或涉及经验的内容要比涉及经验活动更好些；（三）在审美经验中观众所经验的是审美对象。在他看来，“审美对象在被知觉的那种意义上，它也就是件作品”①。这样看来，美学虽是一门涉及许多知识领域的学科，它每时每刻都在受到其它知识领域中新的信息的影响，但审美对象始终是它所要研究的重大主题。美学研究的重点从美的本质转到对审美经验的研究，对审美对象来说几乎毫无影响，因为它既是美的本质争论的具体对象又是审美经验分析的具体对象。C. W. 瓦伦丁（C. W. Valentine）这位著名的实验美学家说：“新近，甚至一些原来想通过发现客观事物的某种特质去发现美的存在的哲学家也转变到对美的经验的性质的研究上来了。”“而在另一方面，从对象本身的性质去发现美却从未被放弃过。”②无论从“特质”论的观点出发，还是从美的经验出发，审美对象总是处于重要地位。

波兰当代美学家 W. 坦塔基维兹（W. Tatarkiewicz）说：“客观论和主观论的争论……可以用下列的话来加以简单概括：当我们称某物是‘美的’或‘审美的’时候，我们是把它归之于客观对象所具有的一种特质。或是把客观对象看成为并不具有这种特质，而只是由我们赋予它的。我们之所以认为它有这种特质是因为我们喜欢某一特定的对象，而当我们把它称之为美或审美的时候，它仅仅指我们发现它是愉快的，而这也就是主观论者的美学主张。换言之，它认为所有事物本身无所谓美不美，它在审美上是中立的（neutral），它既不美，也不丑。当柏拉图说‘美的东西是依赖于美的特质而成为美的’之时，他的美学观是客观论的；当休谟说‘事物的美仅仅当它被静观之时才在心灵中存在’之时，那么，毫无疑问，他的美学理论是主

① M. 杜夫海纳：《审美经验现象学》，埃文斯顿 1973 年版，英译本，第 232 页。

② C. W. 瓦伦丁：《美的实验心理学》，伦敦，1962 年版。

观论的。"①在柏拉图的《大希庇阿斯篇》中，苏格拉底问年轻而自信的希庇阿斯一个基本问题："美是什么?"希庇阿斯回答说："美就是一位年轻的漂亮小姐"，这一回答被认为是没有看到"美是什么"和"什么东西是美的"这两个问题之间的区别。美的本质问题的确不能和个别美的事物相等同，但美的本质实际上是离不开审美对象的。在坦塔基维兹对客观论和主观论的区分标准中，我们可以清楚地看出美的本质的争论在很大程度上是对审美对象构成成分的争论。不仅客观论者需要审美对象来作为美的源泉，主观论者也需要审美对象，以便心灵能赋予它美。甚至像乔治·斯图尔特·麦肯齐（George Stewart Mackenzie）这样的"符号论"者，在主张美是一种符号的同时，也需要审美对象："美是一种符号（sign），通过这种符号表现我们所意识到的愉快效果，这种效果产生于对事物某些特质的知觉"。②一些主观者也需要审美对象的存在。例如里卡德·佩恩·奈特（Richard Payne Knight）说："美这个词是一个表示赞叹的词。……它几乎无差别地适用于使人感到愉快的事物，既可以在感觉的意义上，也可以在想象的意义上，或在理解的意义上。"③当代主观论者柯蒂·J. 杜卡斯（Curt J. Ducasse）也说："美……是……一种能力，就是当观赏者静观某些对象之时，某些对象有一种使他感到愉快的能力。"④这里都不可避免要提到"事物"或"对象"。这样，我们就看到一个有趣的现象发生了。一些主观论者在强调美是一种诸如愉快之类的心灵状态时，由于不能不需要一个对象来作为某种情绪状态的对象，这样一来，主观论和客观论的界限就变得模糊起来了。如果一个自称是主观论者的人却去强调了对象中审美特质或特质的作用，甚

① 坦塔基维兹：《六个概念的历史》，华沙，1980年版，第199页。

② G. S. 麦肯齐：《论与趣味相关的某些主观性》，爱丁堡，1817年版，第39页。"sign"一词，可以译为"记号"，或"符号"或"指号"。有人主张英语中已有"符号"（symbol）一词，因此"sign"一词可译作指号，以突出它"有所指"的含义。

③ R. P. 奈特：《对鉴赏原理的分析研究》，伦敦，1805年版，第9页。

④ C. J. 杜卡斯：《艺术，批评与你》，纽约，1955年版，第91页。

至仅仅强调了对象的作用，那么他即使认为美仅仅是种符号或情感符号，就很难说是个主观论者了。同样，当一个客观论者的美的定义中，只要没有涉及客观对象的作用，这样的定义也会模糊起来，以至看上去根本就不像是一个客观论者的定义。例如当哈罗德·奥斯本（Harold Osborne）说："美本身就是一种显现知觉的结构被那种不假思索的直觉所直接理解的原理的简单伸延。"① 它看上去就不太像是一个客观论者对美的定义。事实上，如果我们仔细地检查一下各种各样的美的定义，无论是主观论的或是客观论的，很多都是二元论的，即既强调物的作用，也强调心的作用。只是侧重点有所不同而已。当一种没有对象的愉快被用来作为美的定义时，我们几乎不知道它想说什么。如伊丽莎白·施奈德（Elizabeth Schneider）认为美就是"在一种适当的情绪和注意的条件下，一个观赏者所产生或必然会产生的一种审美反应"②。一种无对象的情绪算不上是种审美情绪，一种无对象的美的定义也算不上是美的定义。在否定美是一种客观事物特质的主观论者中间，最简单的陈述就是美是一种愉快。快乐主义理论认为审美经验除了给人感觉上的愉快之外别无它物。德国哲学家米勒-弗来斐尔斯（R. Müller-Freienfels）在1909年出版的《系统哲学论文集》中为快乐主义的理论提供了一种激进的形式，认为一个审美对象价值的高低可以直接通过愉快的强烈度来加以衡量。但有趣的是当审美愉快被认为是客观对象所引起的一种心理效果时，这个来自主观论的命题又立即就变成了客观论的命题了。W. 瓦伦丁说："物是美的，因而它才能在我们身上产生出美的经验的重要标志。可以认为我们在注意观察事物的那一瞬间所得到的那种愉快，是对象向我们呈现出来的美，而并不是我们的一种经验，在这样的意义上，美是客观的。因此，当我们去采用心理学家或美学家的态度时，我们的任务仅在于去检验并探讨我们的这些经验：为什么我们能感到对象是美

① H. 奥斯本：《美的理论》，伦敦，1952年版，第122页。

② 伊丽莎白·施奈德：《审美动因》，纽约，1939年版，第29页。

的。"① 这也就是说，只要当审美对象（或任何一种客观事物）在某种程度上被看作是引起愉快感觉的一种原因时，这样的美的定义就很难是主观论的。因此，客观论和主观论的界限有时的确很难划分。弗朗西斯·科瓦奇（Francis J. Kovach）说："主观论之所以和客观论有分歧，完全是术语学上的事情，或者更确切地说，也只关系到'美'这个术语的使用问题。因为在客观论者用这个术语以表明它是引起审美愉快的原因的某种客观事物的特质时，主观论者则用它来表明那样一种客观特质的效果，即那种引起审美愉快的效果。"② 事情是否真的像科瓦奇所设想的那样简单，可以研究，但客观论和主观论有时界限有些模糊，却是事实。

科学的迅猛发展以及随之而来的人类视野的开阔，正在使审美对象的概念既在宏观世界又在微观世界中得到极大扩展，有愈来愈多的事物和现象正在进入审美的领域，以致使这个本来就处于多维交叉点上的概念愈来愈具有开放的性质。它无疑是美学中最生动，最活跃，也最多变的概念，我们也只能在它的历史变易性中去寻找它相对的稳定性。

在对审美对象下定义时，有一个尖锐的问题摆在我们面前，那就是我们究竟能在一种什么样的意义上说自然事物是审美对象？坦塔基维兹曾提到"客观事物在审美上是中立的"这一看法，它不仅是主观论者的看法，有的客观论者也有这种看法。例如客观论者唐纳德·梅里尔（Donald Merriell）说："弄清楚这点是重要的，因为在今天哲学家的语言中，所谓'客观的'和'主观的'，它们的意义都来源于他们对客观和主观之间所作出的划分。哲学家们在认识活动中区别出两种极端：主观，就是'知'（know），客观，就是'被知'（known）。美学领域中的争论，也就是对美的所在场所的争论。"③

---

① W. 瓦伦丁：《美的实验心理学》，伦敦，1962年版，第10页。

② 弗朗西斯·科瓦奇：《美的哲学》，诺曼，1979年版，第67页。

③ 唐纳德·梅里尔：《美的观念》，《今日伟大思想——1980年》，大英百科全书出版社，1979年版，第186～187页。

客观事物如果仅仅处在“被知”的地位，在审美上当然就是漠然的了。同样，在表现论者阿诺·理德这位当代美学家看来，“因为审美对象与非审美对象二者之间的区别首先要有赖于想象活动的存在与否以及想象活动与审美对象的关系，因此，一种事物按其本来的面貌来说就无所谓审美的或非审美的”①。

黑格尔曾指出：“‘自在之物’不具有任何确定的多样性，只有当它被转移到外在反思中，才能具有这种多样性，而且它对这种多样性始终是漠不关心的。”② 就自然事物本身而言，既无所谓美，也无所谓丑，一种自然事物之所以能有一种能力使审美主体感到满足或厌恶，首先是人赋予了它以某种价值的观念。而解决价值本性问题的根据，就是把价值看作一种历史现象，一种主体和客体相互作用的环节。如果认为价值完全存在于客体本身，那就意味着赋予自在之物以服务于人及其目的的本性，这会导致神秘主义；如果认为自在之物不依赖于自身固有的性质，就能满足包括审美需要在内的人类多种多样的需要，那就否认了事物的价值有其客观的源泉。

看来，要使“审美对象”这个概念合法化，“审美主体”的出现是一个居先的条件。但是，在客观论者 C. E. M. 乔德（C. E. M. Joad）看来，审美对象是可以独立于审美主体之外的。他认为“美是一种独立的、自满自足的对象”，“假如……客观事物具有美的特质，那么在理解这种客观事物时，无论哪一种偶然情况或任何一种精神状态都不会影响到美”。因此，他戏剧性地假设了这样一个论题：假如世界上的人都没有了，拉斐尔的《西施庭圣母》像将依然如故：“难道会有任何变化会发生在这幅画上吗？难道对它的经验会有任何变化吗？……唯一发生的变化只不过是它不再被鉴赏罢了。但难道这会使它自动地变得不再是美的了吗？”③

---

① 阿诺·理德：《美学研究》，伦敦，1931年版，第51页。

② 转引自列宁：《哲学笔记》，中译本，1974年版，第156页。

③ 乔德：《美的客观性》，《事物、生活与价值》，伦敦，1929年版，第266、469～470页。

乔德的观点是值得弄清楚的。审美对象是不是一种可以独立于审美主体之外的自满自足的客体？提出这样的问题不是偶然的。自1859年达尔文发表了足以粉碎旧的世界观的《物种起源》以来，总的说来就是要把人看作自然界的一部分，从而消除了那种旧有的人在自然界中唯我独尊的地位。这样，在有的当代西方哲学家看来，哲学上的人的唯我独尊也成了问题。有的当代西方哲学家就提出世界在人类出现以前就存在了，并且在人类消灭以后的漫长时期内还会存在下去。在天文学家和物理学家看来，世界是既不依人也不依人的科学仪器而转移的。宇宙里有几百万个银河系，它们之间的距离要以光年和接近光速的速度来计算，在这个宇宙里人类显得极为渺小，这种景象乍看起来使人感到恐怖，人的价值究竟在哪里？其实，对这样的问题恩格斯早就作过回答："天文学中的地球中心的观点是褊狭的，并且已经很合理地被推翻了。但是，当我们在研究工作中愈益深入时，它又愈来愈出头了。……如果认真地对待这一点并且要求一种无中心的科学，那就会使一切科学都停顿下来。"① 恩格斯说的"一切科学"，当然既包括自然科学也包括社会科学，为了使美学成为一门科学而不是一门玄学，看来一种以人的价值观念为中心的基本立足点是不可避免的，否则也就会使美学停顿下来。如果把这一点看法用来去解释审美对象，那么结论是很清楚的：没有审美主体也就无所谓审美对象。假如世界上真的没有人了，那么拉斐尔的《西斯庭圣母》就是一件像所有其它存在物一样的存在物，它既谈不上美，也谈不上丑，而不再是一个审美对象。正是由于世界早在人类出现以前就存在，并且在人类消灭之后的漫长时期内还会存在下去，因此我们才有必要把审美对象和存在物分开。也正是由于这一点，当费尔巴哈说"我并不否认……智慧、善良、美；我只是不承认它们这些类概念是存在物"之时，列宁写道，"（唯物主义）反对神学和唯心主义（在理论上）"②。存在物是不依赖于任何主体的存在而存在的，所以当地球

① 《马克思恩格斯选集》，第3卷，第559~560页。

② 列宁：《哲学笔记》，中译本，第63页。

上没有人之后，拉斐尔的《西斯庭圣母》还将作为存在物而存在，而审美对象是依赖于审美主体的存在而存在的，因此当审美主体不再存在时，《西斯庭圣母》只仅仅作为存在物而存在，而不能作为审美对象而存在。否则，岂不等于说灭绝动物如恐龙，也可以成为审美对象了吗？有什么人会见到活的恐龙呢？我们在博物馆中见到它的化石时不会感叹我们为什么不能和活的恐龙相遇，因为进化论已告诉我们这种相遇是绝对不会发生的。另一方面，如果认为没有审美主体，审美对象依然是审美对象，那么这样的审美对象不仅是超越进化论的，而且也超越了鲍姆嘉通以来认为美学是一门感觉学的说法。这样，美学也要重新来加以命名了。如果活的恐龙都成了审美对象，那么整个进化论就不可避免地会在它面前倒塌。

一种离开一切审美对象的柏拉图式的理念的美并不存在。所以在方法论上首先应该去探讨的是人类的审美意识是怎样起源的，哪些对象经过什么样的曲折途径成了人类最早的审美对象。这就意味着要建立一个新的研究领域，它最合适的名字叫“审美发生学”。只有这样，我们才能指望去解开发生在史前时代的审美意识和审美对象之间的封闭环。虽然形成环的线段总有一个开端，但一旦形成了封闭环，寻找开端确实是件困难的事情。这种情况在其它科学的领域中也同样存在。例如很多科学家认为目前还未能对生命的起源作出明确的解释。由于分子生物学的发展，这个问题就变成了“先有蛋白质还是先有核酸?”也就是先有鸡还是先有蛋这个古老问题的新提法。在现在的活细胞中，要问先有核酸还是先有蛋白质，就会遇到困难，这种体系也是一个封闭环。也许解开审美起源的封闭环要比解开生命的封闭环更容易些，但这绝不是一朝一夕所能解决的问题，也不是纯粹靠一种纯理论性的逻辑推论就能解决的问题。它涉及史前考古学、人类学、心理学等一系列其它学科，而具体方法则带有实证的性质。这当然不是本文所要涉及的问题。现在有些西方人类学家已在这一领域中做了大量工作,① 但总的说来,离解开“审美意识”与“审美对象”的封闭环还有相当的距离。

三、处在“审美态度”下的“审美对象”

自从康德把美定义为“鉴赏是凭借无利害关系的快感和不快感对某一对象或其表现的一种判断力,这种快感的对象便称之为美”②以来,“审美态度”已从一种审美知觉方式发展为一种理论。这种理论认为,“审美对象”是由“审美态度”来决定的,只要对事物采取一种审美态度,任何事物都可以成为审美对象。

乔治·迪基曾把这种审美态度的理论结构概括为“只要审美知觉一旦转向任何一种对象,它立即就能变成一种审美对象”③。其实,这一概括并不正确。因为它强调的还是审美知觉的作用,而不是审美态度的作用。在审美态度的理论结构中,审美态度是决定一切的,它

① 例如埃文斯-普里查德(E. E. Evans-Pritched)在《原始社会结构》一书中详细研究了波须曼人的岩画,爱斯基摩人的象牙装饰,斐济人的印花树皮和在新几内亚发现的有装饰纹样的人类祖先的头盖骨(参见埃文斯-普里查德:《原始社会结构》,牛津,1961年版,第25页)。梅尔维尔·J. 赫斯科维茨(Melville J. Herskovits)曾向一些哲学美学家暗示过他们对美学的研究缺乏一种“交叉文化的多维性”(cross-cultural dimension),因此,“有必要使美学理论的基础更加扩大化,以打破贯穿在美学中的受某一种文化束缚的局限性。”他认为如果审美反应在人类经验中是普遍存在的话,它就必须在所有发现它的地方得到普遍研究。参见罗伯特·雷德菲尔德(Robert Redfield)、梅尔维尔·J. 赫斯科维茨和戈登·F. 埃克霍姆(Gordon F. Ekhalm)三人合著的《原始艺术的样式》,纽约,1959年版,第44页。亚历山大·马沙克(Alexander Marshack)最近根据一些文化遗存物想寻找人类从旧石器时代到新石器时代文化模式之间的异同及联系。还有人研究了美国西南部印第安人的陶器,以此来判断当地土著居民美的观念的性质和发展变化。

② 康德:《判断力批判》,柏林,1954年版,第48页。

③ 乔治·迪基:《审美的起源:审美鉴赏和审美态度》,载《美学译文》第2期,1982年版。

先于审美知觉和审美对象而存在，它的居先存在是审美知觉和审美对象得以存在的前提。而如果强调审美知觉的作用，那在某种意义上就是强调审美对象本身的作用。有两种对审美知觉的解释，一种是把它理解为对审美对象的知觉，一种是把它理解为审美态度的一种特殊知觉方式。后一种才是审美态度的理论所说的审美知觉。它的理论结构是审美态度决定审美知觉，审美知觉决定审美对象，审美对象决定审美经验。审美态度的理论结构与审美鉴赏的理论结构最大的区别是对主体和客体的关系作了不同的解释。对审美鉴赏的理论结构来说，是审美对象上的审美特质引起了审美主体的审美知觉，审美对象在整个鉴赏过程中是作为审美经验的刺激物出现的，在审美主体与审美客体之间起桥梁作用的是审美知觉。而对审美态度的理论来说，它的出发点和终止点都是和审美鉴赏的理论有所区别的。首先，审美态度的理论认为审美对象是依赖于审美主体的审美态度而成为审美对象的，而并不是依赖于它固有的一种审美特质而成为审美对象的。那么没有审美特质的对象何以会成为审美对象呢？就是因为当主体在用审美态度去看待某一种普通事物时，这种事物就能成为审美对象。也就是说，“审美对象”与“审美态度”是同生同灭的，当审美主体对某一对象不再采取审美的态度时，它就不再是一个审美对象了。就审美态度的理论结构而言，审美对象的概念正好就是一种心理学性质的概念。它的正确定义应当是：只要审美态度（而不是审美知觉）一旦转向任何一种对象，它立即就能变成一种审美对象。审美态度的理论结构和审美鉴赏的理论结构最主要的区别就在于前者无需通过“审美知觉”的概念把审美对象看作是一种特殊的对象，而后者却需要这样。所以，关键性的分歧并不在于承认于不承认外部世界中有没有某些对象可以被看作是审美对象，（对于这一点，两种理论都是承认的。）而在于这种“审美对象”究竟是由什么构成的，是普通事物在“审美态度”的观照下构成的还是由审美特质构成的。

乔治·迪基在论述了审美鉴赏理论的五种结构因素①以后，认为审美态度的理论结构要比审美鉴赏力的理论结构简单，它仅仅涉及两种基本因素：知觉和审美判断。认为对于审美态度的理论来说，或是某种知觉，或是某种意识才构成理解和评价审美特征的必要条件，而“那种审美的特征却又为某种客观对象本身所具有”。这样一来，迪基把这两种理论结构的主要区别弄模糊了。实际上审美态度的理论特色，正在于它认为并不存在着审美对象和日常知觉对象的区别，日常知觉对象在当人们对它采取一种审美态度时，它就是审美对象，这种审美对象上的审美特征并不是某种客观对象本身所具有，而只是审美主体在对某种对象采取审美态度时赋予对象的。换言之，只要某种理论一旦承认了审美特征为客观对象本身所具有，它也就不成其为审美态度的理论了。审美态度的理论之所以是主观论的一种最普遍的形式，就是因为它认为审美对象是由审美态度来决定的，并不存在一种本身具有审美特质或审美特征之类的审美对象。例如布洛的距离说，它被乔治·迪基称之为一种“温和立场”的审美态度理论的典型，但布洛在有没有一种为客观对象所具有的审美特质的问题上是毫不温和的。布洛在1907年所写的《现代美学概念》中，认为美学上一切谬误的根源在于相信美的客观性，唯有抛弃这种假设，美学才能开辟新的道路。在《作为艺术因素与审美原则的“心理距离说”》一文中，他以航船在海上遇雾为例，认为海上的雾虽然对大多数人都是件伤脑筋的事，但只要对它采取一种被称之为“心理距离”的审美态度，忘掉危险和烦恼，把注意力转向周围仿佛是由半透明的乳汁做成

① 按照迪基的看法，这五种结构因素是：（一）知觉，只有通过知觉才能建立起主体与外部世界的联系；（二）一种特殊对象的存在，审美鉴赏仅对外部世界中的一种特殊的对象感兴趣；（三）审美主体的鉴赏力，它是一种对被知觉客体的反应能力；（四）被称之为“快感”等等之类的鉴赏活动的精神产品；（五）鉴赏判断，对18世纪的鉴赏理论来说，鉴赏判断是知觉客体所引起的愉快。不难看出，迪基对审美鉴赏理论这五种结构因素的分析和概括，其中“特殊的对象”始终处于核心地位，它决定了审美知觉、审美鉴赏力和审美愉快。而所谓“特殊的对象”，指的就是那种具有审美特质的审美对象。

的帷幕以及帷幕后面的变了形的事物的模糊轮廓，那么海上的雾就能成为某种审美趣味的源泉。显然，在距离说的理论结构中不可能存在着为某种客观对象本身所具有的审美特征。对布洛来说，与其说那种模糊的轮廓所引起的奇异感觉是由雾所引起的，还不如说是由“距离”这种心理态度所引起的。如果没有这种审美态度，同样的雾引起的只是恐惧。

另一方面，迪基说：“审美鉴赏的理论由于需要某些客观事物作为对主体的刺激物而保持它与外部世界微弱的联系，而审美态度的理论则因没有提出这样的需要而完全主观化了”，这种说法也是不精确的。因为正如布洛的距离说所说明的那样，当人们用一种审美态度去看待雾及雾后面的事物的模糊轮廓时，主体与外部刺激物并没有失去联系，失去联系的只是客观论所要联系的那种审美对象，即本身具有审美特质或审美特征的对象，而这种对象在审美态度的理论结构中是不存在的。审美态度的理论要抛弃的正是那种认为审美对象是由客观事物的审美特质或审美特征所构成的观点，它与这种意义上的审美对象是毫无联系的，但这并不意味着这种理论结构不承认主体与外部世界客观事物的联系。相反，审美态度的理论由于取消了传统美学中关于审美对象与非审美对象的界限，把处于审美态度下的任何对象都看作是审美对象，这样一来，审美对象由于本身概念的扩大，它与外部世界的联系是加强了而不是削弱了。假设：

A 主张只有花卉中的玫瑰是美的。
B 主张只有植物中的花卉是美的。
C 主张只有生物界中的植物是美的。
D 主张只有自然界中有生命的事物是美的。
E 主张自然界中无论有生命事物和无生命事物都是美的。
F 主张所有自然界中的事物和现象都是美的。

那么毫无疑问，就审美对象与外部世界的联系而论，从 A 到 F 是愈来愈扩大了而不是缩小了。流行的理论常把美的本质争论中的客观论与主观论的分歧归结为美在于美和美在于心的分歧，这样的归类是可以的，但这决不意味着主张美在于心的主观论是一个把整个审美过程都封闭在主体内部的体系。所谓美在于物或在于心的争论，仅关系到美产生的原因而不关系到审美对象的范围。因此，审美态度理论把审美对象看作是审美态度的对象，比之于那种把审美对象看作是具有审美特质的对象的理论来说，审美对象的概念是扩大了而不是缩小了，与外部世界的联系是加强了而不是削弱了。

“审美态度”的理论最初是从夏夫兹博里那里起源的，也就是说是从客观论那里起源的，这一概念从客观论者那里产生出来，最后变成主观论的一种流行形式，其过程值得一提。

我们知道夏夫兹博里不但是客观论者，而且还是个柏拉图主义者，他不但认为人生来就有审辨美丑的能力，而且这种能力还可以在自然中找到其正确或错误的标准：“正是事物的性质才必然成为正确或错误的鉴赏力的基础。”同时，由于他深受柏拉图在《斐利布斯篇》中三体合一说的影响，把美和真、善同一化，认为“所有的美都是真”①，所以，对夏夫兹博里的评价始终存在着严重分歧。恩斯特·卡西尔（Ernst Cassirer）对他的评价是很高的，认为他“第一个创立了内容丰富而真正独立的美的哲学”②。而有的人却不以为然。如戴维 A. 怀特（David A. White）就认为某些评价是把古人所没有的东西硬塞给了他。认为在夏夫兹博里的思想中，它所涉及的审美无利害关系的概念用今天精确而系统阐述所要求的标准来说是不易为人所接受的。怀特虽然也承认审美无利害性的概念从夏夫兹博里和康德那里获得了开创和古典式的发展。但认为只要检查这一概念在夏夫兹博里那里的早期涵义，那么就会发现它和本体论的体系有着密切的关系。怀特下面的话似乎是针对斯托尔尼兹的文章而言的：“事实上，

① 夏夫兹博里：《智慧与幽默的自由》，《论特征》，印第安纳安利斯，1711年版，第94页。

② 恩斯特·卡西尔：《启蒙时代的哲学》，英译本，波士顿，1955年版，第312页。

这一概念（审美无利害性）并不总是有利于某些当代思想家所说的那种‘审美态度’理论的开发。这一反省可以很好地表明‘无利害性’的概念何以会被‘冷却’下来的有趣和复杂的问题，从而进入目前对它应持什么态度的探讨。"① 怀特提醒说：必须记住的是夏夫兹博里在涉及无利害性的概念时，偏向于柏拉图式的超感觉的美。其实，夏夫兹博里不仅是一个新柏拉图主义者，而且他的理论是费希纳早就反对的那种所谓“自上而下”古典美学的标本。它也许还是泛神主义的。但夏夫兹博里之所以是一个无与伦比的重要人物就在于他创立了“审美无利害性”这个概念，而近代美学之所以有别于传统美学，正是围绕这一概念而转动的结果。艺术之所以获得它自身的价值，并且不再接受审美以外的标准，也正是由于这一概念的建立。那么夏夫兹博里怎么会从一个柏拉图主义者的立场上去创建这个新概念的呢？

看来，自然不仅是艺术家的导师，也是思想家的导师。当夏夫兹博里面对大海的自然景色时，一些当时看来几乎是自言自语的赞赏，经后人发掘后，发觉它是讲在康德所说美是“无关利害的”快感的对象的前面了：“设想一下，假如你在为远处海洋的美景所陶醉的同时竟会去想到怎样去制服海洋，怎样能像一个海军将领那样去征服海洋，这种想法不有点荒谬吗？”② 我们已无从考查作为柏拉图主义信奉者的夏夫兹博里怎么会萌发出这些思想来的，但同样的情况也在别人身上出现过。如米开朗琪罗是一个虔诚的宗教徒，他认为美是“神的形象的反映”③，但在另一个地方他又把美定义为“是对多余物的剔除”④。当时意大利正在提倡贞洁运动。米开朗琪罗作品中的

---

① 戴维·A. 怀特：《审美无利害性中的形而上学问题：夏夫兹博里和康德》，载《美学与艺术批评杂志》，1973 年冬季号。

② 参见斯托尔尼兹：《“审美无利害性”的起源》，《美学译文》第三期。

③ 米开朗琪罗：《给卡瓦拉里的信 1536 ~ 1542》，引自 A. 布伦特（A. Blunt）：《意大利的艺术理论》，牛津，1962 年版，第 69 页。

④ 转引自 R. W. 埃默森（R. W. Emerson）：《生活情趣》，波士顿，1904 年版，第 294 页。

裸体形象被人指责为猥亵，表现了使娼家都要害羞的东西，当有人奉教皇之命要求把他的作品中的英雄都穿上裤子的时候，米开朗琪罗回答道："告诉教皇，说这是一件小事情，容易整顿的。只要圣下也愿意把世界整顿一下：整顿一幅画是不必费多大心力的"。① 开米朗琪罗这两个自相矛盾的定义，无疑后一个比前一个更正确些。如果它被人看作是两不相容，以致艺术家必须从两者中作出选择的话，米开朗琪罗可能是会选择后者的。同样，夏夫兹博里从宗教信仰中发现了两种类型，一种是对"上帝无利害关系的爱"，另一种是"（所谓贡献给）上帝……其实是为了利益"的爱。当他把这两种对上帝的爱看作是对立的时候，一个对未来美学发展起着至关重要作用的新概念就从原来的伦理学概念中诞生出来了。其实整顿一幅画和整顿一个概念都是要费很大心力的。马克思曾经指出："新的历史创举通常遭到的命运就是被误认为是对旧的、甚至已经过时的社会生活形式的抄袭，只要它们稍微与这些形式有点相似。""对上帝无利害关系的爱"虽然仍是一种具有神学意义的伦理学概念，但已不再是旧概念的抄袭，经过一段曲折演变之后，它终于摆脱了伦理学的性质而成了现代美学中的一个核心概念。当这一概念在美学中开始出现之时，它还不是主观论的。它主要是指在鉴赏客观事物时的一种鉴赏态度，即一种审美的态度。它的内涵主要有两点：（一）审美的态度其目的在于鉴赏一个审美对象，但在鉴赏之前，审美对象就已经是一个审美对象了；（二）审美的态度指的是审美主体的一种特殊知觉方式，它与审美对象的审美特质相关。所以夏夫兹博里会认为鉴赏力的正确与否可以在事物的性质中寻找到它的基础。而这种说法在当代西方完全主观化了的审美态度的理论中是不可能存在的。例如托马斯·芒罗说："审美态度在整体上要依从于外部刺激物的线索。……它和'空中楼阁'

① 罗曼·罗兰：《米开朗琪罗传》，见《傅译传记五种》，1983年版，第351页。

不同……注意力是集中在一个外部对象的感性知觉上。"① 从表面看来，"外部刺激物"、"感性"知觉等概念都还存在，但仔细分析就不难发现，那种客观论意义上的审美对象和审美特质都已不复存在。外部刺激物在受到审美态度的洗礼之前，它并不就是审美对象，甚至在受到审美态度的洗礼之后，依然并不存在什么审美特质之类的东西。在芒罗看来如果承认事物有一种审美特质，就好比把诗人对夏日最后一朵玫瑰所寄予的一种寂寞的感情归之于玫瑰本身就有一种"寂寞"的特质，那无疑是一种谬误。于是，在一种主观化了的审美态度的理论中，它的结构是：审美态度决定审美知觉，审美知觉决定审美对象。

苏里奥（E. Souriau）说："什么是审美鉴赏？它就是运用知觉对包含在知觉中的知觉对象进行审美评价。这样一个定义的目的并不在于想去建立一种审美价值的理论……而在于使审美鉴赏与其它逻辑的、实用的、经济的、道德的评价区别开来。"②

杰罗姆·斯托尔尼兹对审美态度与审美知觉两者之间的关系作了如下的解释："首先，审美知觉被解释为一种审美的态度。它是一种我们用来去感知世界的态度。所谓'态度'，就是指一种直接控制知觉的方法"。③ 可见，在审美态度和审美知觉两者的关系上，是审美态度控制审美知觉，这样，必然是审美态度在先，审美知觉在后。也就是说两者并不是独立和互不依赖的，而是一种从属的关系。那么这种居先于审美知觉而存在的审美态度到底是种什么东西呢？所谓审美态度，就是主张要用一种无利害关系的态度去"看"一个对象。现代实验心理学的研究成果已把"知觉"定义为有赖于我们对传入的刺激的注意和我们从种种刺激中抽绎出信息能力的警觉。并把知觉看

---

① 参见托马斯·芒罗：《走向科学的美学》第 8 篇，第 4 节："审美经验的本质"。

② E. 苏里奥：《为审美鉴赏的科学研究所提供的一般方法论》，载《美学与艺术批评杂志》，1955 年 9 月号。

③ J. 斯托尔尼兹：《艺术批评中的美学和哲学》，波士顿，1960 年版，第 32 页。

成是信息处理的同义词，在这种情况下，应该怎样去解释审美知觉的内涵呢？客观论者有时也在某种程度上接受审美态度的理论，但他们要求回答在审美态度控制下的审美知觉，它的知觉对象究竟是什么。例如戴维·A. 怀特（David A. White）就说过："我则乐于去强调应该把审美无利害性颠倒过来，那也就是说，可以向康德提出这样的问题：'假定通过美的经验的无利害性是唯一正确的途径，那么究竟客观对象上的什么东西才会抓住了我的兴趣呢？……'按照康德的回答，审美兴趣出现的原因在于对象的'形式'。"① 显然，在怀特看来，不是审美态度决定审美知觉，而是审美知觉决定审美态度。这种审美知觉的对象即使不是客观事物的一种审美特质，也至少是属于客观事物本身所具有的东西，例如事物的"形式"。杰克·卡明斯基（Jack Kaminsky）也不同意把康德无利害关系的命题当作一种完整的理论看待。他说："当一种情感被合理地推断为是审美的情感之时，它仍然缺乏任何一种手段去确证这一点。"② 其实，康德从来就没有说过什么是审美的情感，什么是非审美的情感，他只是认为美的判断不能夹杂有利害感在内，审美愉快仅仅来自对直观对象纯粹形式的把握。

我们常常可以看到有些当代西方美学家说"为了对象本身的原故去喜爱它"，什么叫做"为了对象本身的原故"呢？其核心含义仍离不开审美无利害关系的命题。正因为一种无关利害的审美态度的存在，审美知觉才会牢牢围绕着客观事物本身而不会轻易偏离自己的轨道。客观事物的价值可以分成固有价值和工具价值，其固有价值可以经由客观事物本身显示出来，它本身就成为一种目的。审美价值是事物的一种固有价值，这种价值是可以通过审美知觉的直接性加以证明。而在客观事物的工具价值中就不存在这种现象。工具价值必须要

① 戴维·A·怀特：《审美无利害性中的形而上学问题：夏夫兹博里和康德》，载《美学与艺术批评杂志》，1973年冬季号。

② 杰克·卡明斯基：《康德美学分析》，《康德研究1958～1959》，第88页。

通过某事物与其它事物的关系才能被体现出来，这种价值是不能通过知觉的直接性来加以实现的。诗人S. T. 柯勒律治（S. T. Coleridge）说：“《望楼上的阿波罗》不是美的，因为它是使人愉快的，但它所以使我们愉快就因为它是美的。”① 如果为了塑像“本身的原故”去喜爱它，那么这就是在实现它的一种固有价值；而如果把塑像的经济价值突出出来，那么这就是在实现它的一种商品价值。

基于对事物这样两种不同的价值的划分，经验也可以分为非工具的经验和工具的经验。在作为工具的经验中，主体由于指望通过眼前知觉对象的经验去实现另外的目标，因此他的这种经验总是带有某种工具的性质。而在非工具的经验中，对知觉对象的经验，本身就是一种无目的的目的，或者说，鉴赏本身就是一种目的，因此它是摆脱了一切利害的考虑的知觉活动，这种活动本身就带有愉快的性质。

埃塞尔D. 普福（Ethel D. Puffer）说：“美的本质就存在于手段对目的的关系之中。……这种目的，这种瞬间的知觉，一种完美地结合成整体的经验，一种恬静的美妙的刺激……对象的美就存在于它所创造的完美瞬间的持久性之中。”② 普福所说的“目的”，也就是指审美知觉本身的目的，因此也就是一种无目的的目的。

那么支配着整个审美过程，并成为其开端的“审美态度”究竟是什么？它在心理学上有没有根据？我还没有看见任何一篇西方美学文章对此有所回答，因此我们只能暂时满足于到实验心理学中去寻找与其相应的心理概念。我觉得再也没有比“知觉定势”更适合用来解释审美态度的理论了。“定势”（set）的概念是指有机体作特殊反应或系列反应的准备。“心理定势”是指准备进行特殊的思维过程；“知觉定势”则是指对刺激作特殊组织的准备。实验心理学确认知觉过程发生在从事其它各种活动的有机体里面，把刺激加以组织不仅是

---

① S. T. 柯勒律治：《批评的一般原理》，《文学家传记》牛津，1907年版，第2卷，第224页。

② 埃塞尔·D. 普福：《美的心理学》，剑桥，1905年版，第56页。

为了使它们彼此更好地"适合"，而且也是为了"适合"知觉者正在进行的其它活动，也就是说每一个知觉者把他的凝视或其他感觉置于知觉定势的某种影响之下。知觉定势就是一种准备状态，一种以刺激的特殊组织去完成一种知觉的准备状态。它有这样一种能力，"这就经常使我们撇开不适当的刺激模式，通过预期而达到真实的知觉。……知觉定势有时也使我们看不见现实的世界"。① 也许就目前而论，再也没有比这段话能更有力地、也更科学地把"审美态度"的理论置于一种坚实的心理学概念的基础上了。我们应该尽可能把美学中的一些与心理学有关的概念科学化。如果审美态度是一种非关利害的态度，这种对待事物的态度与实践的、知识的、道德的态度有所区别，那不正好就是一种"撇开不适当的刺激模式，通过预期而达到真实的知觉"吗？许多美学家都认为审美知觉的对象是事物的形式，或事物的外观。② 但是实际的情况却可能是在审美过程中，我们正由于对事物的外观和事物的实在之间的区别不那么敏感，才有可能对许多事物进行鉴赏。这也就是说，正是审美态度这种知觉定势才使我们"看不见现实世界"，其结果才会像哈罗德·奥斯本所说的那样："审美感觉一般来说是这样一种感觉，在这种感觉中由于想去进行行动的正常的冲动退隐了，因此呈现于意识的感觉中的机体激动的因素才会异常地强烈。"③ 也就是说，正是知觉定势才使我们暂时停止了对审

① 克雷奇，克拉奇菲尔德，利维森等著：《心理学纲要》，中译本，1981年版，下册，第78页。

② 例如D. W. 普劳尔（D. W. Prall）认为事物只存在特质而不存在审美特质。审美特质只是主体的一种构成。审美的真正领域是直觉所感知的外观，即"审美外观"（aesthetic surface），我们所直觉到的事物的特质就能构成审美外观。例如《蒙娜·丽莎》，其审美外观就是图式（design）。审美态度与认识态度之所以不同，就在于它使我们注意力集中于审美外观。他说："当主体的情感与客体构成一种关系之时，客体所有特质与发现这些特质的主体构成了一种关系。审美特质不仅是种发现，而且它之所以被发现也就仅仅在于它是一种被构成的特质。" P. W. 普劳尔：《审美判断》，纽约，1967年版，第58～59、116页。

③ 哈罗德·奥斯本：《美学与批评》，伦敦，1955年版，第213页。

美对象作一切非审美的观察与思索。而这种所谓的“看不见现实世界”不仅不等于否认现实世界的存在，而且正是从审美角度对现实世界所作出的一种特殊的肯定方式。也就是说“审美对象”的存在本身就是对现实世界作出肯定的一种特殊方式。

（原载《外国美学》，第3期，1986年）

灵感概念的历史演变及其他

一、"神赐的真理"

作为一个开始，我们需要对"灵感"一词的最原始的意义作一番考察。古希腊今称之为灵感的一词，它的原意是指神的灵气。它由两个词复合而成：就是神，气息，加在一起，可以理解为灵气。据说这个词在公元12世纪以前，一直没有像后来所做的那样，从艺术灵感的意义上去使用过这个词，而只是把它用之于一种神性的着魔(enthousiasmos)。而处在那样一种情况下的人就叫做神的着魔者(entheos)。灵感英语作 inspiration，意思基本和上述相同，spirit 也是指一种灵气，inspiration，也就是一种灵气的吸入。希腊词的原意还有微风轻吹的意思，据说澳大利亚某些土著妇女声称她们能像听见一阵微风那样听见神的降落，这种说法也被用来比拟灵感一词曾经有过的那种原始意义。它是指艺术家或诗人在创造他的作品时，似乎通过某种高于他本人的媒介（一个神或一个缪斯女神的媒介），吸入了神的灵气，从而使他的作品具有一种超凡的魅力。换言之，艺术家或诗人之所以能进行创作，就因为有神把诗或音乐吹送进了他的灵魂。因此，诗人和艺术家只是神意的传达者。这样的一种想法在柏拉图的《伊安篇》中得到了充分的表达：诗歌本质上是神的而不是人的，不是人的作品而是神的诏示。灵感的这种原始意义曾被许多西方当代的美学家所述及。

阿诺·理德（L. Arnaud Reid）说："也许，在所有艺术理论中最普遍、最为极大多数人所接受的理论，就是艺术必须要有'灵感'。……'灵感'一词的古代意义是众所周知的，它是指艺术家借助于某种高于他自身的一种存在物，例如上帝（或神性）、一个缪斯女神或一个天使的媒介创造了他的作品。灵感的意思就是'吸气'，也就是通过缪斯女神或其他神灵把音乐或诗或其他类似的东西吹进了艺术家的灵魂中去，让他誊写下来。虽然这种看法现在不再具有它曾经有过的力量，但是每当某人讲出来的东西好像显得不是从他自己本身那里来的，而是从一个他自身以外的某种力量或作用那里来的时候，我们就常常会说这个人是被灵感了。"①

1977 年，奥斯本 H. Osborne 在他的《论灵感》一文中也说："在（灵感）这个术语的一般用法上，我们常常说当一个人（在他自己或者别人看来）仿佛从他自身以外的一个源泉中受到了帮助和指导，尤其是明显提高了效能或增进了成就之时，那我们势必会说这个人是获得灵感了。对于那样的灵感源泉可以被认为是系自然所赐或系超自然的力量所赐。……当这种源泉表面上是超自然的时候，宗教人士就会说这是由于上帝的恩赐，并且相信是上帝给予了他们以他们意识到的那种帮助、指导和力量。"② 在希腊时代，这种我们今天称之为灵感的东西，被认为是一种诗人可以向诗神祈求的东西，那种灵气简直如同一块银币一样可以直接被传递。最近新印的《希腊神话》中，还有一幅荷马向缪斯祈求灵感的插图，似乎也印证了当时希腊人确有这类想法。不过在奥斯本的文章中对这一点也曾提到过另一种看法，认为当时荷马、赫西阿德、平达等古希腊诗人向诗神缪斯所作的祈求并不是对于神性指导的一种信赖（像后来人们所设想的那样），而是诗人为了某种专业上的神秘信条和获得技巧的诀窍而对缪斯所作的一种尊敬的颂辞。这两种说法是有些区别的，但从柏拉图的《伊安篇》来看，诗人的确被认为因受到灵感而成为神的代言人。

---

① 阿诺·理德：《美学研究》，伦敦，1931 年版，第 158～159 页。

② 哈罗德·奥斯本：《论灵感》，载《英国美学杂志》1977 年夏季号。奥斯本当时是该杂志的主编。

“伊安：对，苏格拉底，我确实觉得你是对的。你的话感动我灵魂，而且我也已经被说服了：有本事的诗人总是通过一种神赐的灵感把神的一些话解释给我们听。”

在《斐德若篇》中也有类似的话，苏格拉底说：“我确信这不是我自己的一种创作能力，因为我很明白我根本对它一无所知。因此我只能推论：我是像一把水壶那样，被从别的地方弄来的水，通过我的耳朵把我给灌满了。虽然因为我糊涂，竟忘了这是谁干的。”但是诗人是神的代言人的这种思想并不为柏拉图所独创，早在公元前8世纪时的希腊诗人赫西阿德（Hesiod）就曾经说过：“蒙缪斯女神和阿波罗神的恩宠，诗人才来到人世间并朗诵抒情诗。”（英语译作 by grace of the Muses and archer Apollo are men minstrels upon the earth and players of the lyre。）柏拉图认为闲暇乃是智慧的条件，因而贬低艺术技巧的意义而强调灵感。所以他的灵感说与他轻视劳动可能有一定的关系。但是灵感说、以及它所包含的迷狂说，却并不始于柏拉图。因为德谟克利特也主张过灵感说，他说过“没有心灵的火焰，没有一种疯狂式的灵感，就不能成为大诗人”。德谟克利特是柏拉图的死对头，怎么也提倡灵感说并且也和柏拉图一样去突出它的疯狂的特征呢？是否现存的资料是后人伪托的呢？其实不然，贺拉斯在《诗艺》中说：“德谟克利特相信天才比可怜的艺术要强得多，并且把头脑清醒的诗人排除在赫立冈（Helican 诗神阿罗波与缪斯居住之处，意即诗歌的领域）之外，因此就有好大一部分人竟然连指甲也不愿意剪了，胡须也不愿剃了。”① 贺拉斯所处时代不过比德谟克利特晚三百年，他引证的德谟克利特的话应当是比较可靠的。苏格拉底也说过：“我知道了诗人写诗并不是凭智慧，而是凭一种天才和灵感；他们就像那种占卦或卜课的人似的，说了许多很好的东西，但并不懂得究竟是什么意思。”② 可见当时的灵感说是一种很普遍的流行观点。就灵

① 《文艺理论译丛》，1958 年第 2 期，第 62 页。

② 《古希腊罗马哲学》中译本，1982 年版，第 147 页。

感说本身的起源而言，我们看不出它和奴隶社会轻视劳动的那根“有毒的刺”有什么关系。能够说明这一点的另一个证据是荷马的两部著名史诗《伊利亚特》和《奥德赛》，它们都是以对缪斯女神的祈求来开始的。但荷马并不把劳动描述为一种可鄙的事情（像在后来奴隶制高度发展起来后那样）。例如在《奥德赛》中，它的主角俄底修斯曾想在阿尔喀诺俄斯（Alcinous）面前炫耀自己的体力和本领，便向淮阿喀亚人提议跟他比一比耕田、刈草、割禾的技术。所以，灵感说的主要来源就是希腊神话。虽然灵感说的内涵今天已经和希腊时代很不相同，但是隐含在这种神话式的灵感概念中对文艺创作的解释仍然具有一种心理学上的意义：即认为艺术家经常感受到并且他的最好的艺术作品好像真的是由一种自己所不能控制的外部力量来控制的，它不能由艺术家从内部来加以有意识的期待，并规定时间来使它产生。这方面我们只须提出费尔巴哈对灵感的看法就够了：“就我的天性说来，我是不喜欢写作和讲论的。质言之，只有在问题激起我的热情、引发我的灵感的时候，我才能够讲论和写作。但是热情和灵感是不为意志所左右的，是不由钟表来调节的，是不会依照预定的日子和钟点迸发出来的。”① 我们已经在前面引述过德谟克利特的话，所以不妨这么说：灵感并不是一个唯心主义者才喜欢用的概念，唯物主义者也照样用它。柏拉图灵感说以及它的迷狂说都是德谟克利特所主张过的，而且他也和德谟克利特一样，把灵感的理论仅仅局限于诗（即文学）的范围，在《伊安篇》中，他认为其它艺术（绘画、雕塑和音乐）都像医学一样，主要要依靠技艺而不靠灵感（见《伊安篇》）。柏拉图认为假如一个人妄想单凭技艺就可以成为一个诗人，那么他和他的作品就将永远站在诗的门外，无论谁去敲诗的大门都是无济于事的。由于《伊安篇》的地位相当重要，近代有些西方文学史家指出它是一篇十分难得的讨人喜欢的哲学对话，也是西方文学中

---

① 《费尔巴哈哲学著作选集》，中译本，下卷，第504页。

第一篇文学批评①。因此我们在这里着重谈一下其中柏拉图的一些重要看法。

柏拉图笔下的苏格拉底提供了这样一种至关重要的假设：诗的美在于它有一种神赐的灵感，在《伊安篇》中苏格拉底和伊安都同意有灵感这种东西，他们所争论的并不是有没有灵感，而是这种灵感的源泉。最后苏格拉底把伊安说服了：诗人创作诗歌是凭藉神赐的灵感而不是凭藉技艺。苏格拉底认为艺术不是一种由学习得来的技艺（这点似乎也暗示了艺术因此可以是非理性的和迷狂的），诗人不能把他的艺术建立在技术的知识上。在所有的技艺方面（驾车、算术、渔牧、医学、占卜等等），诗人都不如那些有技艺的人，因此诗人高于马夫和渔人的地方并不在于他们对驾车和捕鱼有更多的知识，而在于他们拥有一种神赐的灵感，因而足以向这类技艺的知识挑战。诗人不是马夫，却能描绘驾车的技艺，不是渔人，又能描绘捕鱼的技艺，这种把艺术家比作一个摹仿者的观点在苏格拉底把伊安比作一个善于变形的“普洛透斯”时达到了顶点。苏格拉底认为如果伊安的朗诵是一种技艺，并且因此就必须去通过学习来获得一种知识的话，那么他也就必须对他所朗诵的题材都要有一定的知识。苏格拉底并不认为诗人不能去通过学习了解这些题材，而是说诗人并不必须去通过学习了解这些题材。因为他有一种灵感。（从现代人的观点看来，艺术家不是强盗，而可以逼真地描绘强盗，因为他有一种设身处地进行思考和想象的体验能力，这并不就是我们通常所说的灵感的原因。尽管如此，柏拉图这个思想也是极端重要的。）缪斯女神就是苏格拉底认为的灵感的原因。在他把灵感比作磁石，把诗人和观众比作受磁石吸引的铁环中，观众不是被诗人所感动，而是通过缪斯女神对诗人的占有，再通过这个被神所占有了的艺术家，观众才为间接所受到的灵感力量而感动。诗人和巫师一样，是在缪斯和观众之间联结这种神赐的灵感的纽带。这样，诗的感染力就被解释为隐藏在一种神学色彩非常

① 参见威廉·K. 威姆沙特（William. K. Wimsatt）和克利斯·布鲁克（Cleanth Brooks）：《文学批评简史》，纽约，1957年版，第3～20页。

浓厚的神赐的真理之中。这种神赐的真理在《伊安篇》中就是所谓的“神的诏示”。(英译本译作“The utterances of gods”。)诗人只有当他受到神赐的灵感而陷于神智不清之时才能构思美的抒情诗，而一旦他使自己诗歌的韵律达到和谐之时，他也就变成了酒神的代言人并且为神所占有。(见《伊安篇》)。诗的美，也要依赖于这种神赐的真理而不在于技艺。这样，苏格拉底就等于假设了一种双重性质的摹仿：诗既是一种自然的摹仿（诗人可以描绘的车夫的驾车技艺），但又是一种神赐的摹仿，即：这种摹仿是一种神意的翻译。就摹仿者（诗人）比之于被摹仿者（车夫的技艺）来说，摹仿者果然不免要处于次要的地位，但如今他是一个能把神意转化为一种诗的媒介的人，诗人的地位就显得要比匠艺人高贵多了。在《斐德若篇》中柏拉图专门在这种神赐的真理的意义上探讨了真理问题。在柏拉图把人分成九等的标准中，是根据各种等级的人对于这种神赐的真理所见的多少来加以分类的：第一等，即能够见到真理最多的那些灵魂将投生为哲学家、艺术家、一些喜欢音乐或热爱自然的人（“and the soul which has seen most of truth shall come to birth as a philosopher, or artist, or some musical and loving nature.”）；而第六等，将分配给那些有诗人性格的人或那些摹仿的艺术家。(“to the sixth the character of a poet or some other imitative artist will be assigned.”《斐德若篇》)① 柏拉图似乎有意要把艺术家和摹仿的艺术家区别开来，中间竟差了五个等级。足见他对匠艺意义上的那种艺术家极端的轻视。(在其它地方柏拉图甚至认为好人都不应该去摹仿坏人，但由于在戏剧中根本做不到这一点，所以他就主张把戏剧家从他的城邦中驱逐出去。) 在柏拉图看来，美必须能传达这种真理。他认为天外的境界存在着一种至高无上、永恒不变、无始无终、不增不减的真理，只有灵魂摆脱了“肉体的愚蠢”之后方能观照到它。美是对这种“原始秩序”(primal order)的一种敏感反应。美虽然是一种直接的知觉，但它能激起我们

① 此英译按乔义特（B. Jowett 1817～1893）的译本：《柏拉图对话录》，牛津，1924年版，第1卷，第454～455页。

的思想上升到对真理的一种模糊的认知。缪斯的作用就是供给人以一种认知美的力量。如果把美了解为一种认知真理的方式，那么美的艺术也就是通过它所具有的和谐的韵律这样的一种方式所照亮了的主题，把人们带到一种美和真的统一的微妙关系中去，这就是柏拉图对那种“没有任何明确意义的意义”的美的感觉（the sense of “meaningfulness without any definite meaning”）的一种解释。而这种东西正是艺术所要传达的。在《伊安篇》中缪斯把这种注满了和谐韵律的神赐的灵感给了艺术家，通过他又传达给了所有的人，通过艺术的美，所有的人全都得到了一种神赐的灵气，被一种意味深长的神秘感觉提高了。

另一方面，虽然柏拉图认为神赐的灵感除非通过诗人的传达，否则就无法到达人类的世界，但一个诗人，作为一个神的代言人，他也并不就是机械地去重复神性的启示。神并不是一切事物的因，而只是美好事物的因，诗人却可能会说错话，因此，诗人自己要对缪斯所给予他的灵感负责，缪斯并不能完全支配他的舌头，而且诗人在被灵感所占有的情况下，也并不完全丧失了他的人的特征。在人与神的交往中，神性的启示经过诗人的传达是很容易被伴随着诗人自己对神启的误解的（见《法律篇》669）。因此，如果艺术作品表示出了人性的弱点，那么将由艺术家自己负责。在《伊安篇》中，柏拉图认为神有时还可能选择最弱的诗人来作最好的诗，因此，灵感可以超越于人的无能。

柏拉图对灵感的这种看法对我们来说难免会觉得费解的，他怎么会把灵感理解为一种可以在人体上随随便便进进出出的东西呢？不仅如此，他有时还把美也比作是种放射体似的东西：“当他的眼睛接受到美的放射时，他的羽翼受到滋润，浑身感到温暖。”“as he receives the effluence of beauty through the eyes, the wing moistens and he warms.”（《斐德若篇》）① 这样的一些想法只要我们把它放进当时的历史背景中去考察，也是不难给予解释的。这在柏拉图以前的希腊哲

---

① 《柏拉图对话集》，英译本，牛津，1924年版，第1卷，第454页。

学家阿那克萨戈拉（公元前500？～前428？）就认为智慧是一种精微的流体。“阿那克西美尼，阿那克西曼德，阿那克萨戈拉和阿尔刻劳认为，灵魂是有着空气的性质的。”① 直到盖伦（公元130？～200）时，他还认为人体的各部分都贯注着一种“元气”（Andreas Vesalius）。这种看法曾影响西方医学界达1500年之久。直到16世纪中叶的1543年，荷兰比利时人安德烈亚斯·维萨留斯（1514～1564）发表《人体结构论》以前，西方一种正统的看法一直把人的身体看作是一个灵魂的宿处而非一个有机生物组织。直到17世纪时，以太观念还和神秘学派用来解释存在本性的盖伦的“元气”混淆不清。希腊人对灵感的这种想法其根源甚至可以追溯到史前时期，在三四万年前欧洲的史前人种克罗马侬人中的“外科医师”，在他们用巫术来为人们治病的时候，有一种奇怪的手术就是用简陋的燧石工具作解剖刀，把病人的脑壳锯开一个大洞，认为这样可以让躲藏在其中的病魔飞走，以达到预期的治疗效果。也许是由于把一些常见的精神患疾都看作是恶魔作祟，这种穿孔的史前人的头骨可以在世界的许多地方发现，有的呈方形，有的甚至有两个并列的方形，据说其中有的头骨长出的新骨可以证明有半数的病人经过这种可怕的手术后尚能幸存。基于这种巫术信仰，相传公元4世纪时有个叫齐诺比厄斯的主教，就以施展巫术能把魔鬼从病人的口中赶出去而创造了许多治疗的奇迹，从而发明了所谓的“驱邪术”。“驱邪术”和“降神术”看来仿佛是对立的东西，但它们在这一点上是完全统一的：即都相信凭藉一种强制性的外部力量就能改变人的灵魂。

二、真迷狂还是假迷狂

据说在古希腊时代的特尔斐城（Deipii），传达神谕的巫师常常陶醉于一种由地下小洞里冒出来的雾状气体。灵感一词的原始意义——通神，可能与这种巫师的祭礼有关。这样，它的起源就可以被

① 《古希腊罗马哲学》，中译本，1982年版，第10页。

追溯到广泛流行过的一种信仰，即诗人可以像巫师或其他能传达神谕的人那样，也可以得到一种神授的灵气，无论这种灵气来自天上也罢，来自地下也罢，只要它是一种灵气就可以了。因而艺术家的作品，无论是一座雕像，一座神殿或一种礼仪的舞蹈，一首赞美的歌都被认为像巫师的祭礼一样，能够娱神。

我们前面已说到过灵感的一个最原始的意义：神赐的真理，而传达这种真理的人最早是由巫师来担任的。赫拉克利特也说过："女巫用狂言谵语的嘴说出一些严肃的、朴质无华的话语。〔用她的声音响彻千年〕。因为神附了她的体。"①

（只有一点是费解的，为什么柏拉图不把巫师也算作是第一等的人，和哲学家、艺术家并列？在他的九等人中找不到巫师，简直把巫师看作等外品了。这实在有点说不通，因为按照柏拉图的学说，巫师无疑是最能接近于这种"神赐的真理"的人。）《大英百科全书》在"inspiration"（灵感）的条目下，一开始就说："中国那些被称为'巫'的宗教祭师，自称能够通神或把灵气吸入自己身体里面，因此能作出一些预言。"这里的"巫"，它用了音译"Wu"。其实这种自称为有通神能力的巫并不为中国所专有。外国也有②。英·锡德尼曾指出："在罗马人中间诗人被称之为泛底士（vates），这等于神意的忖度者，有先见的人，未卜先知的人。……罗马皇帝的本纪中是载满了这种占卜事情的。……虽然这是极无聊的迷信，犹如认为诗行会役使鬼神……但是它也足以证明这些诗人所受到的尊敬。"③

巫师为什么能够代神说话？因为他能进入到一种迷狂状态；诗人为什么也能够代神说话？因为他也能和巫师一样进入到一种迷狂状态。因此迷狂说是柏拉图灵感概念的核心部分。短短的一篇《伊安

---

① 《古希腊罗马哲学》，中译本，1982 年，第 27 ~ 28 页。

② 当代著名美国女作家 A. 兰德（Ayh Rand）在《关于新知识分子》一文中，对中世纪的阿蒂拉（Attila 侵入罗马帝国的匈奴王）和巫师互相勾结，狼狈为奸，无恶不作作了极好的分析。她认为"这两类人物在历史上的每一个反理性时期里都占据了统治地位"。她甚至把逻辑实证主义者也称之为"巫"。

③ 英·锡德尼：《为诗一辩》，载《文艺理论译丛》，1958 年第 3 期。

篇》，讲到迷狂之处有六七次之多。对我们来说，最难理解的倒不是柏拉图的灵感说，而是灵感说里的迷狂说。

关于迷狂，奥斯本在《论灵感》一文中所说的一段话还是相当重要的。他说："据说德谟克利特断言：诗人只有处在一种可说是狂乱的心情或狂热的激情这样的特殊精神状态下才会有成功的作品。（狂热 fervour，这个词的拉丁文是'furor'，它被本·琼孙 Ben Jonson 解释为'诗人的狂喜'。）这种情绪上昂然自得的特殊精神状态被认为本身就是一种疯狂，并且习惯上总是把它看作是与一个人在控制着他的全部机能时的那种正常状态相对立的。柏拉图接受了这种诗人必须迷狂的理论，并且还为它增添了一种着魔状态的超自然的学说。"在这段话里，迷狂说至少就分成了三种程度不同的说法。

其一，是本·琼孙的解释，迷狂只是诗人在创作时一种平常的昂然自得的精神状态，或一种情绪高昂的狂热状态。

其二，是奥斯本的一种看法，迷狂是一种"疯狂的形式"（form of madness），这就在程度上和本·琼孙所谓的"诗人的狂喜"迥然相异。狂喜还是一种正常的精神状态，疯狂则完全是非正常的精神状态了。

其三，柏拉图为迷狂说增添的是一种超自然的学说，它和"神性的着魔"和"为神所着魔"联系在一起。关于这一点，《伊安篇》里有一句最能说明问题的话："科里班特的祭礼主持者们在神志清醒之时决不跳舞，抒情诗人也是如此，他们决不在神志清醒之时构思美的诗歌。"（这段话乔义特的英译本是："And as the Corybantian revellers when they dance are not in their right mind, so the lyric poets are not in their right mind when they are composing their beautiful strains."）这段英译是非常忠实于希腊文原文的。但是，这里并没有说明诗人究竟是因为迷狂而做诗，还是因为要做诗才迷狂，因为从这段话里巫师也好，诗人也好，并不是在任何时候都是迷狂的，巫师只在跳舞时迷狂，而诗人也只在做诗时才迷狂，这种迷狂的时机都带有一种选择的性质。但是如果迷狂的时间是可以选择的话，本身就是被控制的一种结果，要它迷狂就迷狂，要它清醒也就能清醒，柏拉图的意思只不过说诗人像巫师一样，在做诗时一定会迷狂，这种迷狂也应该是时间短暂的，并且是一种控制的结果。柏拉图认为它是一种超自然的力量控制的结果。所谓的科里班特（Corybantain），是大神母库柏勒（Cybele）或瑞亚（Rhea 宙斯之母）和其他奥林匹斯山诸神的祭师，他也只有在跳舞时迷狂，宗教的迷狂是在一种对神母或其他诸神的崇拜中培养起来的。沃莱（J. G. Warry）曾在《希腊的美学理论》一书中指出："不仅在《伊安篇》，而且在《斐德若篇》和《法律篇》中，柏拉图的这一观点是十分清楚的：他把诗的创作过程看作为是一种催眠状态（hypnotism），并且它在某种程度上是一种盲目的力量。催眠状态本身是道德和理性的否定。……但另一方面，我们已经知道在《斐德若篇》里柏拉图把诗看作为一种神性的和有益的疯狂(mania)，在那里，诗的灵感概念的这种催眠状态是非常明显的。……而《伊安篇》中提到的科里班特的舞蹈者也是另一个古代催眠术实际使用的例子。科里班特是神母的祭司，他在一种狂热的信仰中，通过音乐和舞蹈的形式，使自己进入一种狂乱的状态。"① 由于诗人的灵感在性质上和巫师的迷狂相同，也是一种神赐的产物，所以他也能在做诗的刹那间为了能使自己接受这种神启而必须首先让自己迷狂。柏拉图并没有说清楚究竟是神使诗人迷狂还是他会自己迷狂，而只是说诗人在做诗时一定会迷狂。而且这种迷狂的程度在《伊安篇》里和《斐德若篇》中是有极大区别的。

如果说巫师真的会陷于一种疯狂的状态，那也只有在两种情况之下才是可能的：一种是原来就是疯子或精神不正常者。(有一本讲宗教起源的书曾经提到过巫师常常是从精神不正常的青年中选拔出来的。) 另一种是靠某些麻醉品的药物效果。荷兰一位著名生物学家曾经提到过，波须曼人的一种舞蹈，"当舞蹈达到高潮时，有些人会陷入催眠状态，浑身发抖，如醉如狂，有的会赤着脚走过燃烧着的煤炭，或把它捧在手里，他们相信一个人在催眠状态中会有特殊的力量

① 沃莱（J. G. Warry）：《希腊美学理论》，伦敦，1962 年版，第 76 ~ 77 页。

可以和鬼怪搏斗，并把病人身上的魔鬼赶走。"① 此外，还有人提到所谓的"月狂症"患者，他们能在月光下面通宵达旦地舞蹈。西语"lunatic"即癫狂者，直译即"被月亮打击着的人"。源出于拉丁文"luna"（"月亮女神"）。这可以说是一种巫师的迷狂，疯狂意义上的迷狂。

另一种是某些麻醉药品所诱发的巫师的迷狂。有人曾经提到在墨西哥南部的农村中，当地的印第安人女祭司常焚烧一种特别的蕈菇，当地人叫它"神菇"，因为它使人产生一种恍惚的视觉感受。当地的土人在祭献仪式中吃下这种神菇后，会整夜祈祷并产生很多幻觉。此外美洲印第安人就常以食用龙舌兰后产生的幻觉经验而建立了他们的宗教崇拜。某些植物麻醉品被用于宗教上的目的甚至可以追溯到几千年以前。我们在后面还要讲到这类药物曾被某些现代的实验心理学家用之于召唤灵感的试验。

我们知道，由于精神病引起的迷狂（或疯狂）是有的，由于某种麻醉品的刺激引起的迷狂（或疯狂）也是有的，而神灵凭附的迷狂是永远也不会有的。所以对于那些自称得到了神赐的真理而陷于迷狂的巫师，他们是否真的陷于迷狂，在绝大多数情况下是大可怀疑的。很可能只是一种骗局而已。也就是说巫师只是在表演迷狂而非真的迷狂。他的神志是清醒的，因而是以控制其表演做得尽可能像真的迷狂一样，其实连他自己也未必相信他那些喃喃呓语就是神赐的真理。这种迷狂我们不妨称之为"三仙姑式"的迷狂。柏拉图为了抬高灵感的地位，把艺术创作和匠艺技巧区别开来，因而用类比的方法把诗人比作巫师，赋予诗人的灵感以一种超自然的性质。在《斐德若篇》中，柏拉图赋予灵感的迷狂以一种与《伊安篇》不完全相同的含义，完全变成了"疯狂"，柏拉图认为并不是所有的"疯狂"（乔义特译本"madness"）都是坏的，有一种巫师的疯狂是"神赐的礼品"（"divine gift"）。因此就有第三种疯狂，即诗人被缪斯女神占

---

① 克拉克·豪瓦尔（F. Clark Howell）:《原始人》，时代—生活丛书出版社。

有的那种疯狂。（“The third kind is the madness of those who are possessed by the Muses.”）这种思想在后来的消极影响是无法估量的。近代西方流行的一句格言：“天才类似疯狂”（“Genius is akin to madness”）可能就和柏拉图的这句话不无联系。尼采的酒神说也可能和柏拉图的这种说法有关。那么我们究竟怎样来解释这里所说的诗人那种“疯狂”的精神状况呢？它可能是什么东西引起的呢？唯一可能的解释只能从酒精的作用中去找。赫拉克利特说：“为了酒神，人们如醉如狂，举行祭赛。”克塞诺芬尼说：“中央是祭坛……首先聪明的人们必须用神圣的歌词和纯洁的语言颂赞神明。然后奠酒并且祈请神明赐予力量……在人们中间，要赞美那个饮酒之后仍然清醒、心里仍然不忘记美德的人。”① 既要狂饮，又要清醒，这显然是不容易的。在《伊安篇》中，柏拉图屡次提到过酒神。所以疯狂意义上的迷狂可能与酒精的作用有关。为什么希腊的哲人们都把灵感说和酒神联系在一起呢？詹姆斯·弗雷泽（James Frazer）在《金枝》中曾提供了一种真实的历史背景。他说，被误认为是神灵附体的失神的颠狂……都起源野蛮时代的巫术仪式。这种仪式目的在于倡导灵魂与神交通而永远得救。“而在祭祀酒神的仪式中，饮酒不是放纵行为而是严肃的圣礼。”② 这些祭祀酒神的宗教仪式曾在古代地中海各地广泛流行。古希腊的酒神狄俄尼索斯，也就是灵感之神。在这种以酒神命名的酒宴上，参加者在狂饮之下都相信他们真的能和神发生交往，我们从柏拉图的《美诺篇》中可以看到这样的对话：

“苏格拉底：我想他们说过一条值得令人赞叹的真理。

美诺：他们说的是什么呀？说话的人是谁呀？

苏格拉底：他们之中有一些是男女祭司……品达和许多其它具有灵感的诗人也说过这点，他们说……人的灵魂是不死的。”③

---

① 《古希腊罗马哲学》，中译本，1982 年，第 20、45 页。

② 《金枝》，英文本，第 2 卷，第 167 页。

③ 《古希腊罗马哲学》，中译本，1982 年，第 191 页。

这就是弗雷泽所说的倡导灵魂与神交通而永远得救的“真理”。这样的“真理”就是巫师的“真理”。

但尽管如此,《伊安篇》也好,《斐德若篇》也好,其中的迷狂说仍然有一些超越了它时代的美学价值,并不就等于巫师的装疯卖傻。例如《伊安篇》:伊安说,他在表演朗诵时,不得不注意观众的表情,为什么呢?“因为假如我能使观众哭,那么我就会因得到赏钱而笑;而假如我使他们笑,那么我就会因失去赏钱而哭。”

乔义特英译本:“For if I make them cry I myself shall laugh, and if I make them laugh I myself shall cry when the time of payment arrives.”

这样的一些话实在说得太精彩了。这大概是历史上最早提出的演员的矛盾,后来它不仅发展为一种戏剧理论,而且在许多著名的戏剧中都有类似的台词。例如莎士比亚的《仲夏夜之梦》第一幕第二场:

> “昆斯:好,咱们的戏名是《最可悲的喜剧,以及皮拉摩斯和提斯柏的最残酷的死》。
>
> 波顿:要是演得活龙活现,那还得掉下几滴泪来。要是咱演起来的话,让看客们大家留心着自个儿的眼睛吧;咱要叫全场痛哭流涕,管保风云失色。”

在古希腊,悲剧是一种典范,地位相当于演员的朗诵诗人最大的成功就是要去使他的观众流泪。而这一点在伊安看来是演员冷静控制的结果(他的这一看法是否正确,那是另一回事,有意义的是这里第一次提出了演员的矛盾),演员内心的笑与哭正好与观众的反应相反,也和他自己表演的角色相反。尽管柏拉图把演员和观众都套进了他所谓的神意的铁环,认为诗人和观众都进入了一种迷狂状态,但伊安却认为,演员内心深处的笑和哭都导源于他自己的私人利益而与他所扮演的角色无关。在柏拉图迷狂说的意义上,也许只有当演员自己真的流出的眼泪是烫人的、辛酸的时候,那才能叫做迷狂。所以实际上他和伊安所主张的是两种戏剧表演的理论。当然,从一种心理学的观点出发，为什么演员能够把观众从日常生活的知觉中超脱出来送进另一个幻觉的世界中去，演员在演悲剧角色时自己是否真的要感受痛苦？以及观众为什么要花钱去流眼泪等等，从一种新的标准来看，所有这些问题很难说都已经解决了。从一种日常生活的标准来看，演员和观众都流出了烫人的眼泪，这在某种意义上也可以说是“疯狂”的。因为柏拉图立意要把他的灵感说建立在“神赐”的性质上，所以许多相当深刻的思想都被一种神秘的说教所淹没了。虽然曾经有人指出过：“艺术作为一种摹仿，这样的观点并不始于柏拉图。”① 但在柏拉图的笔下，艺术不但是一面镜子，而且是一面可以把观众送进另一个世界中去的镜子，如果我们用一种日常生活中的功利标准去对待这样一种艺术感染力的话，我们在审美经验中的这种情感态度就可以被认为是“疯狂”的。因为事实上，我们是在为那些自己可能并不悲痛的悲剧演员所表演的、生活里也并不存在的哈姆莱特的悲惨命运而感动得流泪。可惜的是这样的一些思想并没有被柏拉图突出出来，而是被束缚在一种神意的铁环里，它严重地被那种“神赐的真理”所损害了。

说诗人只有进入了迷狂状态才能进行创作，这是完全违背常识的，柏拉图正是为了追求这种毫无意义的“神赐的真理”而不惜抛开了普通常识。洛克说：一个人总是意识到自己在思考，“意识就是一个人对自己思想里发生了什么的认识。”把艺术创作的一种高效率状态的灵感归结为一种迷狂状态是根本讲不通的。无论艺术家在进行什么样的创造性的想象，他总是同时要做两件事情：想象并且知道他在想象。没有一种理智对想象的控制，想象活动是无法沿着一个既定的目标前进的，因此，艺术家的构思活动总是双重的：一方面是想象的活动，另一方面是对这种想象活动的控制。而一个真正陷入疯狂状态的人，他可能有想象而却没有这种控制。一个疯子在旁边根本没有人给他食物的情况下也会突然叫嚷：“不要毒死我!”他是在想象，而没有理智的控制；他可以整天想象自己在打扫屋子，而手上拿的只

① 格鲁伯（G. M. AGrube）：《柏拉图的思想》，英文本，第202页。

是他自己幻想所编成的扫帚。这才叫做真正的迷狂或疯狂。当然，艺术家的活动是和哲学思考有区别的，他并不在想象的时候一定要意识到自己理智对想象的控制，他把自己的思想也作为一种想象活动来进行，而不是把自己的思想作为思想来思想；但尽管如此，一旦想象离开了既定的目标，他的思想立即就会把想象活动拉回到原来的方向上。也就是说艺术家在进行想象的时候，他总是通过思想的这种看守，才有可能把注意力集中在想象的任务上，只有这种思想的自我控制能力的存在才使得艺术家的想象和一个胡乱的幻梦有所差别。由于艺术家只能意识到这种想象而不能意识到这种思想对它的控制，因此他就可能把这种控制想象的力量看作是一种超越于他自己、鼓舞着他想象的外部力量，在古代，这种外部力量就被了解为一种神的恩赐，而把自己只看作一个被动的神的代言人。

三、“那人却在灯火阑珊处”

我国古代文论中并没有“灵感”这个词，这个词最早出现在中国文坛之时估计大概不会早于20世纪20年代。开始，它是被按照英语“inspiration”的音译，称之为“烟士披里纯”，当时一些赶时髦的文人，一谈文艺创作就要大讲特讲“烟士披里纯”，至于究竟什么是“烟士披里纯”，恐怕连使用它的人也是十分茫然的。后来，对它的用法有时还略带一点讽刺意味，例如说某作家“时常左手抱着一个坐在他膝上的幼子，右手拿着笔做他的本分的工作。还说这时候，烟士披里纯才出来。”① 1923年3月在上海成立的一个叫“弥洒社”的文艺团体，它宣传自己的文学宗旨是：“无目的，无艺术观，不讨论，不批评，而只发表顺灵感所创造的文艺作品。”在“灵感”一词被某些人作了这样的解释的时候，鲁迅先生才说：“以为艺术是艺术家的‘灵感’的爆发，像鼻子发痒的人，只要打出喷嚏来就浑身舒服，一了百了的时候已经过去了。”（《论“旧形式的采用”》）鲁迅对

---

① 何若：《如此刘穆》，载杨之华编：《文坛史料》，第210页。

这种“灵感”说的批判当然是完全正确的。但这与其说鲁迅是对灵感的概念下判断，还不如说是对那种被曲解了的灵感概念下判断。

这里，我们所要列举的一系列我国古代文论中的论述是值得特别注意的。我国古代并没有“灵感”这个术语，但是却有着对我们现在称之为灵感现象的生动描述，清代袁枚《续诗品·勇改》：“千招不来，仓猝忽至。”受到袁枚称道的诗人张问陶《诗词十二绝句》：“奇句忽来魂魄力，真如天上落将军。”写的正好就是灵感的不期而至所带来的意想不到的结果。这说明了什么呢？这恰恰说明了首先的确是有这种灵感的现象，而后才会有对这种现象的描述。从而也就说明了灵感说之所以能历经千年而不衰的根本原因就在于在文艺创作或其它领域内，的确存在着这种“若有神助”的现象。

单从术语翻译的角度来看，把“烟士披里纯”从音译翻成“灵感”，是译得极好的。灵感的灵，繁体字靈，从巫。《说文》：“巫以玉事神，曰灵。”照许慎的解释：“巫，祝也。女能事无形以舞降神者也。象人，两褎舞形。”所以灵感这个词的翻译，可谓与柏拉图时代的含义相近，一是有通神的意思，一是与巫有关。古时，巫同舞既同音又同义，巫者必能舞，舞者必是巫。《说文》又说“舞，乐也。”这样看来巫—舞—乐是三位一体的。楚人称巫为灵，祭祀鬼神必用巫歌。“思灵保兮贤姱”，“展诗兮会舞。”（《九歌·东君》）“灵偃蹇兮姣服，芳菲菲兮满堂。五音纷兮繁会，君欣欣兮乐康。”（《九歌·东皇太一》）说的正是巫者华服美饰，满室芬芳，宫商绕梁，翩翩起舞的歌舞场面。真可以和柏拉图在《伊安篇》里描述的神的祭典场面旗鼓相当。不仅如此，西方的一些著名哲学家，美学家关于灵感的论述，有相当一部分在我国古代文论中都可以找到其相应的说法。

例如，黑格尔说：“如果我们进一步追问艺术的灵感究竟是什么，我们可以说，它不是别的，就是完全沉浸在主题里，不到把它表现为完满的艺术形象时决不肯罢休的那种情况。”① 而同样意义的话我们可以在王国维的《人间词话》中找到：“古今之成大事业、大学

---

① 黑格尔：《美学》，中译本，1959 年版，第 1 卷，第 356 页。

问者罔不经过三种之境界：‘昨夜西风凋碧树。独上高楼，望尽天涯路。’此第一境也。‘衣带渐宽终不悔，为伊消得人憔悴。’此第二境也。‘众里寻他千百度，回头蓦见，那人却在灯火阑珊处。’此第三境也。”这里所说的第三境，“那人却在灯火阑珊处”，其实指的就是那种对一个问题或一种构思苦思苦想而不得，因而只好把它搁置起来（甚至在一段时间里不去思考它），忽然间，出现了一种闪电似的高效率状态，把储存的问题突然给解决了，这就是所谓的灵感状态。相当于托尔斯泰所说的：“灵感是忽然出现了你能够做到的事情。”西方有的美学家有时也用“illumination”（意即“照明”）代替“inspiration”，意思也正好与王国维“灯火阑珊处”的说法吻合。王国维利用了三首宋词中的典型句子，强调了第一、第二境与第三境之间的逻辑关系，突出了苦心思索对灵感出现的决定性作用，搞学问也要像爱情那样，废寝忘食，如痴如狂，然后才会出现灵感的女神。这样的一种灵感现象无论在科学史上或艺术史上都是不难找到的。科学史上例如阿基米得原理的发现就是一个例子。据说阿基米得得出一个物体浮于液体中的时候，其重量等于它所排开的液体的重量这个著名的定理是由于灵感的触发。传说中的故事是这样的：希罗王把黄金交给某工匠制造王冠，王冠制成后希罗王怀疑王冠里掺进了白银，就叫阿基米得来加以检验。在思考这个问题的时期内，突然有一天阿基米得在沐浴时注意到，他所排出的水在容积上和他的身体相关，因而马上明白，合金比较轻，纯金比较重，同重的合金会比同重的黄金排开较多的水。这样，阿基米得就靠了一时的灵感，得出了阿基米得原理。

又如，“完形心理学”学派的奠基者马克斯·韦特海姆，1910年夏天坐火车打算到莱茵河畔度假，一个突如其来的灵感使他决定在法兰克福下车，在那里他到一家玩具店买了一个玩具动影器。所谓玩具动影器是一种利用静态图片迅速连续出现而造成一种动态错觉的简单机械，从而使韦特海姆得出结论说：造成知觉的因素一定不止于五官的感觉。他的这种说法几乎动摇了自洛克以来所流行的根本观念。后来他和他的同伴又经过种种实验，企图证明知觉并不只是将各种感觉放在一起的现象，而认为所谓的知觉，并不是先感知到物体的个别成分然后再注意到整体，而是相反，先感知到整体的形象，然后才注意到构成整体的各种成分。这个购买玩具动影器的念头，实际上也是起因于一种苦心思索的结果。

文学史上这类例子更多，例如列夫·托尔斯泰由于看到了一株满身伤痕，快到折断而依然挺立的牛蒡花，而突然激发了创作《哈泽·穆拉特》这位高加索英雄人物的念头。他在摘取这株牛蒡花时，发现了这枝被车轮碾过，但仍然顽强地活着的细小植物和理想的英雄有着同一种相似的品质："人战胜了一切，毁灭了成千上万的草芥，而这一棵却依然不屈服！"

又如1890年春，罗曼·罗兰在罗马城郊的霞尼古勒山上，俯瞰夕阳西下的罗马城，他仿佛见到克利斯朵夫这个人物从地平线上涌现了出来。"霞尼古勒的启示"就成了他创作《约翰·克利斯朵夫》这部巨著的巨大推动力。而所有这一切例子，实际上都可以称作为"那人却在灯火阑珊处"。无疑，王国维三种境界的说法，相当生动地说出了创造性想象的智力活动的规律，灵感的闪现往往是对日积月累的苦心求索的一种酬报。

我们前面曾引述过费尔巴哈对灵感的见解，他认为灵感是不由钟表来调节、不会依照预定的日子和钟点迸发出来的。阿诺德·伯兰也说："关于艺术创作的一个难以捉摸的难题是灵感在创作过程中的地位。无论创作的心理学上的途径如何，灵感总是被描述为一种洞察力的直接揭示，瞬间的顿悟总是直觉的一种证明。"① 这种对灵感的描述也是对的，但是它缺乏一种顿悟的前提，而宋人吕本中说诗："悟入必自工夫中来"（《吕氏童蒙训》）。在灵感中强调"工夫"还是比较正确的。又王船山所说："神理凑合时，自然拾得"，"才著手便煞，一放手又飘忽去。"（《船山遗书》·《夕堂永日绪论内编》）不仅与费尔巴哈的说法相似，而且也与雪莱的话合拍。雪莱说："我们的天性的意识部分既不能预示灵感的来临，也不能预示灵感的离去。"

---

① 阿诺德·伯兰（Arnold Berleant）：《美学的范围》，纽约，1970年版，第115页。

沈约所说“至于高言妙句，音韵天成，皆暗与理合，匪由思至。”（《宋书谢灵运传论》）“天机启则律吕自调。”（《答陆厥书》）以及我们常说的“下笔如有神”，“若有神助”，“神来之笔”等颇似于英国小说家萨克莱所说：“似乎真好像有一种神秘的力量在移动我的笔。”（“It seems as if an occult power was moving the pen.”）① 而美国小说家托马斯·沃尔夫（Thomas Wolfe）也说：“我真的不能说我的书是写出来的，它好像是由某种东西掌握并占有了我。”② 也颇类似于“文章本天成，妙手偶得之”（陆游）的说法。

又如宋陆桴亭说：“人性中皆有悟，必工夫不断，悟头始出，如石中皆有火，必敲击不已，火光始现。然得火不难，得火之后，须承之以艾，继之以油，然后火可不灭。故悟亦必继之以躬行力学。”事有凑巧，莎士比亚在《雅典的泰门》一剧中写道：“我们的诗歌就像树脂一样，会从它滋生的地方分泌出来。燧石中的火不打是不会出来的；我们的灵感的火焰却会自然激发，像流水般冲击着岸边。”两者遥遥相对，都以顽石相击比作一种思想的火花或灵感。

康德在《判断力批判》中说“美的艺术需要想象力，悟性，精神和鉴赏力”，并认为前三种机能通过第四种即鉴赏力才能获得它们的结合。但是他并不否认技巧的作用，他说：“尽管机械的，作为单纯勤勉的和学习的艺术，和美的、作为天才的艺术，相互区别着，但究竟没有一美的艺术里面没有一些机械的东西，可以按照规则来要约和遵守，这也就是说有某些教学正则构成艺术的本质的条件。”③ 这里所说的意思大致上和上述陆桴亭的相仿。任何艺术无不带有一些机械的、技术性的东西（今天英美的许多美学家也正在企图把艺术中的审美因素和非审美因素严格地区别开来），这点在造型艺术中特别明

① 转引自罗莎蒙德．E. M. 霍丁（Rosamond. E. M. Hording）：《灵感分析》，剑桥，1942 年版，第 15 页。

② 转引自布鲁斯特·吉斯林（Brewster Ghiselim）：《创作过程》，加利福尼亚大学，1952 年版，第 194 页。

③ 康德：《判断力批判》，中译本，1964 年版，上册，第 166、156 页。

显，其他各门艺术也都有一些机械性的、技术性的因素。因此任何一件艺术作品都不能仅仅依靠灵感的火花就能成为艺术作品，而最后体现为一定的物质媒介，而这种媒介的手段，则总是和一定的技巧或技艺相联系，例如诗的韵律，音乐的演奏，绘画的造型能力等等，所有这些东西都不是光靠灵感就能获得的。而必须“继之以躬行力学”。按陆桴亭的说法，从思想的火花（灵感）中得到启示并不难，难是难在要能在整个创作过程中继续不断地保持那种思想的活力，对生活的洞察力必须和勤学苦练的技巧结合在一起，方能体现为有效的艺术媒介。我国近代著名音乐家刘天华先生“往往练习一器，自黎明至深夜不肯歇，甚或连十数日不肯歇。其艺事之成功，实由于此”①。作曲家习艺尚如此，更不必说演奏家了。

柏拉图在《伊安篇》中把灵感描述为神赐的东西，非技艺的学习所能得。所以诗人不能把他的艺术建立在知识的墓础上，结论是诗人的创作只能凭神力而不能凭技艺。奥斯本在《论灵感》一文中也说：“事实上，优秀的艺术作品不是通过遵循某组规律就能创造出来的，它们也不仅仅是某些可以传授的技巧的产物。在任何艺术作品中都有某种独特的东西，这种东西不是那些可以传授的技巧能创造出来的。”这种看法是否正确，尚待讨论，但我国古代文论中亦有类似的看法。方孝孺说：“工可学而致也，神非学所能致也，惟心通乎神者能之。”（方孝孺《逊志斋集》卷十二《苏太史文集评》）正好与柏拉图的话不谋而合。甚至古代希腊人那种关于“灵气”的想法我们也不难找到。例如：“自然灵气恍惚而来，不思而至，怪怪奇奇，莫可名状，非夫寻常得以合之。”（汤若士：《玉茗堂文集》五·合奇序）

而相比于柏拉图的灵感神赐说，我国古代管子杰出的思想是更有说服力的：“专于意，一于心，耳目端，知远之证。能专乎。能一乎。能毋卜筮而知凶吉乎；能止乎，能毋问于人，而自得之于己乎。故曰思之，思之不得，鬼神教之；非鬼神之力也，其精气之极也。”② 所

① 刘复：《书亡弟天华遗影后》。

② 《管子》卷十三，短语十一。

谓“思之不得，鬼神教之”，颇类似于西方灵感说的通神的观念，即认为诗是凭藉神的一种灵气吹进诗人的灵魂所致。但上述这段文字并不满足于此，他把灵感说的源泉从主体的外部（即鬼神之助），转向了主体的内部，从心理学角度对鬼神之助重新作了唯物主义的解释。下结论说：非鬼神之力也，其精气之极也。把灵感的源泉最后归结为“思”的一种“精气”。这样精辟的见解产生于柏拉图之前是不能不令人惊讶的。后来这种思想就比较普遍了。例如刘勰所说：“才有天资，学慎始习。”（《文心雕龙·体性》）把天资与勤奋统一起来了。阿诺·理德在谈到灵感这一概念的内涵现代所发生的变迁时说：“我们说诗人 E. 阿诺德（E. Annold）得到灵感了，并不是指从天使或缪斯那里得到了灵感，而是从牛津或拉哥比教堂（Rugby chapel）得到了灵感。……并不是由另一个存在物把气息吹到了诗人身上，而是他自己在呼吸。”在这段话里我们已经可以看出西方灵感的概念早就发生了巨大的变化，再停留在那种“神赐的真理”上，就难免显得太荒唐了。阿诺·理德在谈到引起灵感的艺术家的素养时说：“这包括了他过去所有的条件状况，他在创作时的身心状况，意识和气质。包括所有能引起灵感对象的那种环境。这种灵感的对象严格说来可以包括直到艺术家所描写的那件事情为止以前全部宇宙的历史。”他认为艺术作品的创作“可以由一个观念所引起，也可以由一些非物质的其他对象或事件所引起，只要能惹起我们‘情感’的任何东西都可以使艺术创作过程发动起来。它可以是一种模糊的人性观念，青春的活力或其他崇高的东西，甚至是种平凡的生活乐趣。它也可被一些偶然的事件的刺激所激发，而一般则把这种能导致艺术创作的动因称之为‘灵感’。‘灵感’可以是一个艺术家自己所习惯媒介形式的一个典范作品，但更常见的是另外的一些东西。画家并不需要事先看一些绘画作品或自然对象才能推动他的创作，他的创作可以被音乐，被诗，被一些观念，被一些人，或被一些自然对象或非视觉的东西所激发。所以音乐家也并不仅仅只能通过听觉所暗示的东西的刺激而去进行作曲。德彪西说：‘对于一个音乐家来说，去看一个日落的优美景色要比去听《田园交响乐》是更为有益的'"①。我国唐代大画家吴道子观斐旻舞剑而得灵感的记载也相似于阿诺·理德的这一看法。相传唐开元年间，斐旻死了母亲，请吴道子在洛阳天宫寺画壁画为其母祈福，吴道子要求他表演舞剑作为报酬，斐旻应请脱去丧服引剑而舞，"走马如飞，左旋右转，挥剑入云，高数十丈，若电光下射"，于是吴道子"援毫图壁，飒然风起，为天下之壮观"。这一记载可能有夸张成分，但画家从舞剑中得到灵感是完全可能的。唐代草书大家张旭也说过："吾见公主担夫争路而得笔法之意；后见公孙氏舞剑器而得其神。"亦可说明这一点。

尽管对人类文化史上这种偶合的类同现象的原因还在争论之中(例如某些结构主义者主张人类有一种思维的同一性，应强调它的共同基础等等)，但是在灵感这一问题上却的确存在着这样的一种奇特的现象：即不同的时代、不同的人种、不同的社会的人经常在说同样内容的话。因此，我们就很容易会同意美国当代著名美学家托马斯·芒罗（Thomas · Munro）所说的话："无论你对它怎样解释，这种被称之为'灵感'的现象是实际存在的一种东西，心理学应该去理解它。"②

四、在通往心理学的道路上

列宁曾经指出："不分别说明各种心理过程，就不能谈论灵魂：在这里要想有所进步，就必须摈弃那些关于什么是灵魂的一般理论和哲学议论，就必须有本事把对于说明这种或那种心理过程的事实的研究放在科学的基础上面。"③ 灵感问题的未来解答，最终将在心理学的范围内进行，这一点是毫无疑问的。而这种探讨现在早已在进行

① 阿诺·理德：《美学研究》，第159、160、162页。

② 托马斯·芒罗：《艺术心理学的过去、现在和将来》，美国《美学与艺术批评》杂志，1963年春季号。

③ 《列宁选集》，第1卷，第12页。

了，尽管结果尚未能使人满意。

艺术心理学在心理学本身成为一门近代科学很久之前就早已萌芽了。如前所述，古希腊和古代中国许多有关艺术创作和灵感现象的论述，实际上都涉及到心理学问题。柏拉图在他的《理想国》里，很多地方都直接谈及“心理”问题。鲍桑葵在《美学三讲》的序言中曾提到过柏拉图根据“那人的指头有点痛”这样的简单句子来建立了他的关于精神统一性的论述。相当长的时间，西方的一些美学家，心理学家都曾企图从现代心理学已经取得的成果上来对艺术创作和艺术鉴赏中的一系列心理现象进行科学的解释，其中也就包括了对灵感现象的心理学上的解释。(对其中某些学者来说，他们甚至想把整个的美学问题都建立在一种心理学的基础上。)托马斯·芒罗曾指出：“怎样更为明确地把诸如‘审美满足’，‘美的感觉’，‘创造性的灵感’以及诸如此类含糊的经验术语加以论述，就是美学和心理学的一项长远的任务。”我们觉得这“长远”二字实在是必要的，因为至今为止，我们确实还未能从有关的文献资料中得出满意的回答。绝大部分对灵感的心理学上的说明还停留在一般性的描述上，而不是一种有足够证据和说服力的科学解释。而且专门涉及灵感的文章是并不多见的。在近十年内，西方的两份素负盛名的专业性美学杂志，《英国美学杂志》和美国的《美学与艺术批评杂志》专门涉及灵感的文章仅前面所引述过的奥斯本的《论灵感》一文。而关于灵感的心理学基础问题，往往只是在涉及另一些问题时才被顺便提到。就这点而论，灵感的地位似乎也暗中下降到与柏拉图时代不可同日而语的地步。从科学的观点看，灵感地位的这种下降是完全合理的。艺术创作中的其他更重要的问题太多了，它并没有充分的理由占据以往柏拉图时代的那种显赫的地位。而且，也只有当它从“神的启示”的宝座上掉下来的时候，它才能在心理学的范围内有被进行科学考察的可能。

为了更好地进行专门研究，有的西方学者把艺术创作中的心理学问题细分为各个不同的方面，例如：

(一) 就艺术家的工作性质和审美态度来说，艺术创作心理学现象的研究应包括：艺术家究竟是怎样进行创作的（或者是怎样表演或演奏的）？他怎样把一些创造性的想象体现为媒介（灵感经常在述及创造性想象时才被述及）？就欣赏者方面来说，包括：人们是怎样鉴赏和评价艺术作品的？

（二）就媒介手段而言，包括对各种不同艺术形式的"本性"的理解和掌握。因为无论哪一种艺术都有一种特殊的知觉方式和想象方式：或视觉的，或听觉的，或语言符号的。

（三）艺术家所受的环境的影响，包括社会政治、经济、文化的条件，也包括气候、地理环境等自然条件，以及包含艺术在内的历史文化传统的影响。

（四）艺术家本身的社会地位、政治倾向、文化素养、性格、气质、个人爱好，以及对某一专业技术的特殊训练，审美趣味的独特性等等。

这样，一个艺术家，即使是一个天才的艺术家的创造活动也将被理解为是内部的、外部的、社会的、心理的、甚至包括遗传在内的各种复杂因素相互联结的产物。在这样一种基础上所理解的天才或灵感的概念，就不能不比过去柏拉图式的回答带有一种多元论和相对性的倾向。在18世纪的浪漫主义时代，灵感被认为是天才的一种特有的素质，是天才的一种同义词。但是，在现代心理学对艺术现象所进行的探索中，随着天才概念内涵的变化，灵感概念的内涵也变化了。从前设想只有一种天才的艺术家，一种典范的作品，一种艺术的审美标准，而所有这一切如果需要加以改变也只有通过另一个天才的出现才能改变，康德所说：天才的作品是对另一个天才唤醒他对于自己独创性的感觉。他把天才规定为是一种"替艺术制定规则的能力"，如今这一切都变成了神话。这种说法被认为是离开了在他以前所曾经有过的，18世纪英、法、德等国家的心理学家已经取得的心理学成果，而回到了思辨哲学的基础上去为天才寻求一种先验的理论。18世纪时，一些英国、法国、德国的艺术理论家和心理学家，在相当程度上抛弃了神学的束缚以后，都曾试图去解释艺术的创作活动，他们在心理学的观点上彼此变得颇为一致。例如约瑟夫·艾迪生（Joseph Addison 1672～1719，英国诗人、散文学家）在18世纪初就把想象活动解释为存在于客观对象上的三组特质：伟大或崇高；惊奇或非凡；以及部分对整体的美的协调。又如埃德蒙·柏克（Edmund Burke 1729～1797，英国哲学家）则完全否认有任何天赋观念的存在，他把感觉经验看作是认识的唯一源泉，这样就导致他用心理学的概念去解释一系列美学问题。康德从柏克那里吸取了不少观点，尤其在他的崇高说更是直接从柏克那里移植过来的，但是康德从先验的唯心主义立场对柏克的观点作了修正，这种修正被认为是一种离开心理学解释的一种倒退。

歌德曾经说过："是歌曲创造了我，而不是我创造了歌曲，在它的力量中才有着我。"① 雪莱、华滋华斯、科尔里奇（Coleridge 1772～1834，英国诗人，他在想象和诗的幻想之间作出了一些区别）等人在浪漫主义的初期都竭力赞扬和理性相对立的想象和情感，并把它们看作是艺术生命力的源泉。绝大多数浪漫主义艺术家认为艺术的主要源泉和动力既不可能通过对理性的研究也不可能通过感觉的因素来获得，天才创造了他自己的尺度。他们坚持认为伟大的艺术不可能通过某种理性规则的掌握而产生出来，或单靠技巧来吸引观众。艺术家必须通过自发的想象力和情感来进行创作。有的人就因此把梦、麻醉品引起的幻觉甚至精神患疾和颠狂来作为艺术的主要动力，从而也就为后来把艺术中的创造性想象以及灵感的心理因素归结为一种下意识的本能铺平了道路。

在这种情况下，灵感也就被认为是天才的一种自然而然的自我表现，不仅它的源泉不能为艺术家自己所理解和控制，而且它的内涵也不是逻辑的概念所能解释的。尼采干脆就把灵感叫做"突然的闪现"（sudden flash），它被认为是不可解释的，如果能解释，也就不叫灵感了。在某种程度上尼采又重新回到了柏拉图的立场："（艺术家）只不过是在体现，只不过是在做代言人，只不过是一种更高力量的媒

① 转引自罗莎蒙德·E. M. 霍丁：《灵感分析》，剑桥，1942年版，第14页。

介。……他倾听，而不追究从何而来；他接受，而不问系谁所赐。一个观念就像闪电一样，它是作为一种必然的东西而出现的……我决不能有一种选择的余地。"①

一些浪漫主义者虽然是想从主体的内部去寻找天才、灵感等概念的原因，而并不想诉诸于神启，但是他们认为具有天才的人经常能感觉到而且常常相信他们对一些事物背后的那个神秘的终极现实有一种特殊的关系，因此能使他们去接近那种不能用平常的科学语言所能说得出的神秘真理。因此，天才的作品再一次被他们描述为可以超越于现实之外的，并且不能由言词可以加以描述的一种真理的启示。天赋能力再一次被提到了原来神所占有过的地位。

天赋观念是一个相当复杂的问题，虽然近代心理学的最新成就已经能使人们对脑的认识逐步深入到微观结构的领域，能够在细胞水平和分子水平上来了解脑的生理活动，但是在谈到这些微观结构的差别和个人天赋的差别之间的联系时，大多数意见都是带有猜测性的，在这种种假设的基础上进行争论被许多学者认为是没有意义的。一个人的天赋究竟在多大程度上受到了脑的微观结构的影响（包括这种微观结构在先天遗传上的影响），这样的一个问题被认为在相当长的时间里都是无法彻底解决的。

英国的著名生物学家、"优生学"的创造者高尔顿（Francis Galton）曾把达尔文《物种起源》中的遗传观念应用于人类智力的遗传，西方有人推崇这位达尔文的表弟"从另外一条途径上对艺术和美学提出了至关重要的问题，天才的性质和它的遗传是通过生物学的遗传来实现的。"但是我们知道马克思有一段著名的话："搬运夫和哲学家之间的原始差别要比家犬和猎犬之间的差别小得多，他们之间的鸿沟是分工掘成的。"② 我们可以根据马克思这句话把那些在艺术上有特殊创造才能的人看成是一些社会环境的特殊条件的产物，人所特有

① 转引自艾伯特·R. 钱德勒：（Arbeit R. Chandler）：《美与人性》，纽约，1934 年版，第 329 页。

② 《马克思恩格斯全集》，第 4 卷，第 160 页。

的创造力本质上是社会的，它已经远离了纯生物学的先天遗传方面的决定性影响。但有人认为这样的理解显然还未能解释例如柏拉图和德谟克利特之间差异的原因，因为有人认为在柏拉图和德谟克利特这样一些哲学倾向上是敌对的人，他们所处的社会环境基本上是差不多的。所以很难把哲学家之间的差别归诸于单一的社会原因。但是反过来说，事实上我们谁也无法提供有关柏拉图和德谟克利特的大脑微观结构之间差别的资料，因此，这样的问题似乎可以永远讨论下去。有人曾经指出，要把天才建立在大脑微观结构上的学说进行实证的唯一方法可以概括为："简言之，为了说明婴儿将来发展的前程，你就得先把婴儿弄死，以便把大脑做成需要的切片。"而在这样做了以后，"天才"本身却已无法证实了。

在西方，把天才看成是某种单一的品质的观点已经被大多数人所放弃。芒罗曾指出艺术中所谓的天才概念是和所谓的"智商"参数（即"I. Q"，intelligence quotient）的高度不一样的。智商被用着测量智力的参数，而艺术的天才却是指在艺术媒介中的自然而然的创造性能力①。洛德·布雷恩（Lord Brain）说："我必须一开始就说我并不把天才看成是一种单一的品质。它从根本上说是一个表现情感的术语。"布雷恩更不同意把天才归结为一种精神的不正常。他说："在天才和精神病之间究竟有没有一种确实的关系呢？可以肯定地回答'没有'。对大量天才人物的考察已经表明所有的结果都否定了这种假设。由阿黛儿·贾德（Adele Jude）博士作出，而被奥布里·刘易斯（Aubrey Lewis）加以引证的一个最近的新的结论是：'在最高度的心理能力和精神健康状况或疾病之间并没有一种明确的联系。并且也不能支持这样的假设：天才所具有高度的智力要依赖于心理上的变态。……精神错乱，尤其是早发性痴呆症，都业已证明对创作能力是

① 参见托马斯·芒罗：《艺术的发展及文化史的其他理论》，纽约，1963年版，第514页。

不利的'。"① 根据布雷恩的说法，前面所提到的"天才类似疯狂"这句格言是完全没有心理学依据的。

阿诺德·豪泽说："浪漫主义精神分析的特征是去突出艺术创作活动中的无理性和直觉能力的部分而显示出来的。这些被描述为诸如灵感、直觉、天赋才能、神启或隐蔽的下意识源泉等等的力量，事实上只不过是浪漫主义者对丧失了的现实性以及对一种被他们所弄乱了和损坏了的他们和他们的读者之间关系的一种补偿。而最重要的是浪漫主义的反对者们则是完全否认这些诸如灵感、直觉等能力的影响的。在他们对艺术天才的定义中，往往用技巧和鉴赏力去代替灵感。威廉·莫里斯（Willian Morris）曾为返回到浪漫主义以前的标准而争辩，他宣称就艺术所涉及的范围来说，'去谈论灵感是绝对没有意义的，根本就没有这种东西，艺术只是一种技巧的事情'。"② 从这段话里我们可以看出在西方并不是所有的意见都主张有灵感，事实上从文艺复兴时候起，像卡斯泰尔韦特罗（Castelvetro）以及 18 世纪以来的理性主义者都是不承认有灵感这种东西的。而主张有灵感的一些人也并不像从前的柏拉图那样把艺术创作的成败完全归结为灵感的因素的有无，有的人只有在一种较简单的艺术形式（例如一首短小的抒情诗）中才承认灵感的作用可能是比较大的。灵感的概念甚至在黑格尔那里也是毫无神秘性可言的，他直截了当地把灵感定义为"想象的活动和完成作品中技巧的运用，作为艺术家的一种能力单独来看，就是人们通常所说的灵感"③。

里布特（T. Ribot）在《论创造性想象》一文（发表于 1900 年）中，特别着重于再现性想象（reproductive imagination）即作为一种记忆中的想象和那种创造性想象之间的区别。而后者常常只存在于

---

① 洛德·布雷恩（Lord Brain）:《天才的特征》,《英国美学杂志》, 1963 年 4 月号。

② 阿诺德·豪泽（Arnold Hauser）:《艺术史的哲学》, 纽约, 1958 年版, 第 59～60 页。

③ 黑格尔:《美学》, 中译本, 1959 年版, 第 1 卷, 第 354 页。

艺术和科学的创造性活动中。他也对那些表现在艺术中的神秘的想象活动进行了研究和探索。一些年后，约翰·利文斯顿·洛斯（John Livingston Lowes）在一本关于英国诗人科尔里奇的讨论集里描绘了在创造性想象的活动中三个相互影响的因素：（一）记忆经验中所贮藏的"好"材料；（二）在细节的微妙之处突然显得达到了恰到好处地步的那种创造性想象的闪现；（三）其后就是经过仔细推敲、修改和提炼之后，把这种创造性想象转化为现实的长时期工作。洛斯指出：在初期的科学思考活动中也往往有与此相类似的步骤。而发生在某些有创造力艺术家身上的灵感，就与记忆中的贮存材料有关。这种贮存材料不能仅仅被理解为一种毫无生气的记忆材料的堆积。想象活动常常是通过一些由学习所得来的技巧才能被表现出来，并通过一个外部的媒介来完成其传达的任务。

洛斯的这种说法曾被许多人所接受。因为事实上在整个的创作过程中，灵感状态即使出现也只不过是一些短暂的时刻。甚至对一些浪漫主义诗人来说也并不是在所有时候都处在一种狂乱的热情中。他们也并不总是被突如其来的灵感推着走，总要在创作活动的一些间歇里使自己冷静下来以便能进行正常的思考。也就是说，艺术创作的过程实际上总要包括许许多多灵感闪现前前后后的实际事情，有些甚至纯粹是机械的东西。许多素负盛名的艺术家决不是仅仅依靠一种突如其来的灵感的闪光就创造了卓越的作品。他们只是在长时期的有意识的对创作素材的积累中，坚定地、逐步地朝着一个预定的目标而工作。这就意味着一个精心推敲的阶段几乎是任何艺术形式都无法避免的，复杂的艺术作品尤其如此。

由于弗洛伊德学说的兴起，曾经有人认为这种"无意识"的理论可以给灵感的心理学解释提供一线光明，但事实并非如此。精神病理学的兴起虽然主要应归功于弗洛伊德依据临床材料而得出的研究成果及其所引起的广泛兴趣，但弗洛伊德错误地认为意识是由下意识的欲望来决定的。他认为欲望的刺激不是来自外界，而是来自机体内部，意识像个马车夫，总在费劲地控制着时时要"冲出去"的本能。"人的最深刻的本质在于初级的、自然发生的本能动机，这些动机对所有的人都是一样的，并且指向于满足一定的先天需要。"① 这种被曲解了的心理学理论一旦被用来解释艺术中的某些精神现象的时候，首先就意味着它取消了以往被确立起来的所有审美标准，实际上使灵感获得较为正确的心理学解释的前景更为黯淡了。

"无意识"理论的支持者认为艺术家最好的作品应该在无意识的情况下来进行。他们最喜欢援引的例子是英国诗人科尔里奇创作《忽必烈》和弥尔顿创作《失乐园》的例子，因为据说这些作品都是诗人在梦中构思的。虽然"无意识"的理论力图把艺术创作中灵感的解释建立在一种实证的心理学事实上，但他们的理论往往比柏拉图的灵感说更神秘了。例如近代美国女诗人艾米·洛厄尔（Amy Lowell 1874～1925）曾经说："我把我的主题沉溺在一种下意识之中，正好比把一封信扔进邮箱之中。"② 据她说她在这样做了六个月以后，创作观念突然再度呈现为一种知觉，而这时候，它已经完全成了羽毛丰满的艺术作品，艺术家不必再花什么时间给它了。而艺术家本人却只有在创作活动的最后阶段才能看清他自己的这种方法。有人则把这种洛厄尔称之为"信箱"的东西称之为"潜伏期"（"incubation"）或"妊娠期"（"gestation"），而当代的小说家罗莎蒙德·兰曼（Rosamond Lehmann）则称它为"储蓄罐"，作家只要依靠这种"储蓄罐"，观念就会自然而然地在其中成熟。那么究竟在这些所谓的"信箱"、"潜伏期"、"妊娠期"以及"储蓄罐"中发生了些什么呢？据说这个问题"必须要排在未来心理学的日程表上"。

如果艺术创作真的是，或者可以是"无意识"的，那么一切构思过程中的苦思冥想或媒介过程中的技巧手段是否还有意义就大可怀疑了。艺术就完全是一种灵感或某种神秘直觉的产物，在这种情况下灵感将不是别的东西，而只是向人的理性的一种挑战。我们当然并不

① 西格蒙特·弗洛伊德：《关于战争与死亡的合乎时代性》，《弗洛伊德全集》，伦敦，1946年版，第10卷，第331页。

② 转引自玛格丽特·威尔金森（Marguerite Wilkinson）：《创作方法》，纽约，1925年版，第263页。

否认艺术创作和一般工艺学的区别，一件艺术作品的确如默里（J. M. Murry）所说，它和“一个钟表匠装配一只精密计时器那样由仔细的推敲而成”① 是有区别的，但很难设想依靠这种所谓的“信箱”、“储蓄罐”就能自动地造就真正的艺术品。在艺术创作中艺术家的全神贯注有时的确有某种近似于“自动”的状态，但这并不说明他的创作是无意识的，与技艺和苦思冥想无关。因为即使是一个具有高度匠艺技巧的匠人，在他全神贯注于他的工作时，也常常会有这种“自动”的感觉。如果他的工作能毫不费力地进行下去而没有遭到任何困难，那么他就会感到他不再需要消耗他任何的精力，他的手几乎可以在不受意识的控制下进行着自动的操作。然而这种情况之所以发生，就因为他的技艺已经发展到无须费心就能加以熟练运用的地步。正如庖丁解牛，达到“以神遇而不以目视，官知止而神欲行”，系“用志不分，乃凝于神”之所致。

有许多西方美学家在承认灵感作用的同时，也反对把它的作用无限夸大。如T. 里布特认为，灵感“并不能导致一个完美的作品”②。英国著名诗人霍斯曼（A. E. Housman 1859～1936）虽然曾经说过“当我穿过汉普斯特德（Hampstead）的某个角落时，整整的两节诗就像是已经印好了似的进入了我的头脑里”③，但是，他也说他的同一首诗的另外两节却花了整整一年的工夫才写成。所以很难设想一部长篇小说或一首大型的交响乐作品能在一气呵成的灵感状态下完成。为此，戈查尔克（D. W. Gotshalk）曾指出：“把创作活动描写为一

① 转引自马克斯·舍恩（Max Schoen）：《艺术和美》，纽约，1937年版，第47页。

② 里布特（T. Ribot）：《论创造性的想象》，芝加哥，1906年版，第58页。

③ 霍斯曼（A. F. Housman）：《名称和诗的性质》，纽约，1933年版，第49页。

种完全自发的活动，那是一种浪漫主义的夸张。"① 而里布特则把灵感定义为"由充裕的材料所积累起来的一种经验和知识"。② 自然科学中的某些例子也可证明里布特的看法是对的。英国数学家哈密顿（Hamilton 1805～1865）在发现了四元数的时候说，"这是十五年辛勤劳动的结果"。

然而，并不是所有的美学家、艺术家都是这样来看待灵感问题的。有些人认为艺术可以通过"无意识"被表现出来，并通过一个外部的媒介来进行传达。在某些人那里，今天对"创造性的想象"的探索已经和梦、神话、幻想、错觉以及其他类型的奇想的研究联系在一起。曾经有一些实验是有关于这种"创造性想象"的，例如使用某些药物去引起一些生动的幻觉和一些不平常的心理状态。据说某些药物能产生出类似于神秘的天启那样的幻觉经验。某些西方的现代派音乐家经常使用这种方法。"幻觉剂'（psychedelic）这个词的创造就是用来表示所谓的"心灵启示"（mind－revealing）的药剂。例如麦角酸（lysergicacid）和仙人球毒碱（mescaline，系一种用龙舌兰等麻醉品所制成的墨西哥药酒）都被用来去制造某种类似于"天启"的神秘经验。另一些同样能刺激起这种幻觉而对身体无害的药物也正在被寻找。所有这些努力都旨在发现一种新的艺术创造性的动力，有的文章谈到，西方的"许多艺术家常常使用麻醉剂，但常常带来使人失望的效果"。

杰罗姆·斯托尔尼兹（Jerome Stolnitz）曾经指出："无意性"甚至当它发生之时，也并不足以去构成艺术的创作活动。例如在精神病患者的身上可以经常发现这种"无意性"，然而我们并不能把他们称之为艺术家。"所谓艺术家的思想会处于迷狂状态的说法显然是不真

① D.W. 戈查尔克（D. W. Gotshalk）：《艺术和社会制度》，芝加哥，1947年版，第66页。

② 里布特：《论创造性的想象》，芝加哥，1906年版，第163页。

实的，因为他必须前后一贯地去考虑他的作品并且要对它作出最重要的判断，即它是否适当或使人满意。而当他认为他已经不再需要对作品作出进一步努力的时候，这就证明他已经作出了判断。”①

（原载《美学》，第1期，1979年）

① 杰罗姆·斯托尔尼兹（Jerome stolnitz）：《艺术批评的美学与哲学》，波士顿，1960年版，第97页。

西方对柏拉图《理想国》中美学问题的研究

一

《理想国》是柏拉图最重要的著作，也是仅次于《法律篇》的篇幅最大的著作。它是西方思想史上第一个乌托邦，也是历来对乌托邦所作的一个最早、最重要、最详尽的解释。有人指出，这部著作在西方文化传统中一直处于“伟大作品”的最前列，写于公元前三百多年的这部著作，至今仍然还在发生深刻的影响，因为它叙述了一个梦想，即人，他可能过的最理想的生活究竟是什么。

在这本书中，苏格拉底作为柏拉图的代言人指出：“我们的目的就在于去发现这样一个国家，它不使任何一个阶级与它所得到的幸福不相称，而且使整个国家能获得最大的幸福。”① 在《理想国》中，柏拉图描绘了这样一个社会图景，在这个社会中生活的准则是绝对不让任何一个人的生活变得轻浮，个人的美好生活必须和秩序井然的社会生活准则相一致。这个社会不能让那些专靠煽动行为或掌握武装力量的人来统治。而只能是那些经过“鉴定”的人才有资格来进行统治。它是一个被“智慧者”所统治的王国，即哲学的王国。理想国将由三种社会阶层所组成：监护者，军人，生产者。监护者也就是统治者，军人也包括警察，生产者即劳动人民。有人认为柏拉图的乌托

① 《理想国》420，转引自乔义特（Jowett）：《柏拉图对话集》，英译本，1924年版，第3卷，第107页。

邦并非仅仅是一种幻想,至少在欧洲的中世纪有一千年的历史与柏拉图的这个乌托邦蓝图相仿:那时,教士(qratores)相当于监护者,兵士(bellators)即军人;工匠(laboratores)即生产者。绝大部分的天主教政治,皆由《理想国》中引申出来,例如中世纪所流行的天国观念、赎罪观念、地狱观念,都根源于柏拉图这个乌托邦。吉尔伯特(K. Gilbert)和库恩(H. kuhn)合写的《美学史》,在中世纪的美学这一章节中也曾多次提到与柏拉图的联系。认为整个说来早期基督教对艺术的态度实际上都是重复了柏拉图《理想国》第十卷中的观点。

柏拉图认为这三种社会阶层正好同理性(reason)、意志力(will-power)和欲望(appetite)这三种心理能力相一致。统治者相当于理性,军人相当于意志力,劳动者相当于欲望。统治者进行统治,需要知识:“一个建立在自然原则之上的国家,其所以整个说来是有智慧的,乃是由于它的最少的一类人和它自己的最小一部分,乃是由于领导和统治它的那一部分人的知识。”① 这样的知识究竟来自何处呢?柏拉图同时提出了训练新一代统治者的一系列方法,于是,教育问题变得突出了,而所有美和艺术的问题在《理想国》里都是在这一指导思想之下被提出来的。我们知道,传统的希腊教育是建立在荷马史诗基础之上的。沃莱曾经指出:“对于希腊人来说,荷马和赫西阿德比诗更重要,他们的著作已被视为圣书(Sacred Books),成了希腊宗教传统的主要宝库。”② 然而,柏拉图在对荷马的两部著名史诗《伊利亚特》和《奥德赛》进行了重新评价以后,立即发现需要建立审查制度(censorship),尤其是对神的不良行为的描绘需要进行严格审查。“我们不能准许他说这些灾祸都是神干的事。……他必须说,神所做的只有是好的,公正的……我们要尽力驳倒神既是善的而又造祸于人那种话……关于神的第一条法律和规范要人或诗人们遵守的就

---

① 《理想国》428～429,转引自《古希腊罗马哲学》,中译本,1982年版,第223页。

② 沃莱(J. G. Warry):《希腊的美学理论》,伦敦,1962年版,第57页。

是：神不是一切事物的因，只是好的事物的因。"① 柏拉图既不能容忍荷马所描写的神带给人间的苦难："饥饿驱逐他在丰足的地面上到处流亡"，也不能容忍埃斯库罗斯说这种谩骂神的话："神想要把一家人灭绝，先在那人家种下祸根"。柏拉图发现了一些描写神的"变形"作品已经走向了他所认为的神性至善、神性不变、神性不具有人性等观念相反的方向上去了。

但是，柏拉图在反对神性具有人性的同时，又把世间统治者的人性抬到神性的高度，试图把理想国中的统治者培养成为能超越于一切利己欲望之上的超人，具有神性的人："我们应当告诉他们，他们的灵魂已经从神那里得到了神圣的金的银的性质，因此他们不需要人间的金属，他们的天赋的神圣本质也不应当为了要取得人间的金银而和这些东西混杂在一起，被它们玷污。因为许多坏事都是由于人间的金银所引起的。"② 这些话今天听起来真像是一个幽默大师的讽刺，然而当时的柏拉图可能是真的这样设想过。他认为统治者不许拥有私人财产，不许穿戴金银饰物，不许用金银器具喝水饮酒，因为一旦他们拥有财富，他们就会变成自己同胞的"敌人和暴君。"柏拉图不了解私有制是一切剥削制度的基础，企图在统治阶级内部强行一种清教徒式的生活，以消灭私有制带来的一切弊害，这是根本办不到的。因此，柏拉图虽然反对了诗意的神话，但却编造了比一切诗意的神话都更为荒诞的政治神话。柏拉图还指出了当人民处于愚昧状态之时，靠选举也没有用，因为那些自诩为人民"保护者"（protector）的人，一旦掌握政权，一下子就能变成"暴君"（tyrant）。③

与柏拉图立意要用神化了的人性去代替人化了的神性的思想相适应，他把美德分为四种：统治者的美德是智慧，军人的美德是勇敢，

---

① 《理想国》380，转引自朱光潜：《柏拉图文艺对话集》，中译本，1980年版，第27、28页。

② 《理想国》416~417，转引自乔义特：《柏拉图对话集》，英译本，1924年版，第3卷，第106页。

③ 《理想国》565，转引自乔义特：《柏拉图对话集》英译本，1924年版，第3卷，第274页。

人民的美德是节制，而第四种美德，即正义，是每个人所必须有的。他虽然说过节制就是生性优秀和生性低劣的东西在哪个应当统治、哪个应当被统治这个问题上所表现出来的这种一致性和协调，却同时主张节制既应存在于被统治者中也应当存在于统治者中："应该是在两者之间都存在的"。甚至在整个国家的范围内都应当有节制，就好比音乐之中有和谐一样。

在许多地方，柏拉图所用的对话体除了人们经常说的从文体角度上的种种好处之外，其实还有着一个被人忽略了的最大好处，那就是那些被柏拉图认作是错误的意见，有机会借对话的形式被保存下来，并最终竟被证明为比苏格拉底的格言更为正确，在"正义"的问题上便是一个很好的例子。在回答什么是正义的时候，柏拉图笔下的智者派斯拉西麦可（Thrasymachus）愤怒地喊出了："所谓正义，只不过是强者的利益罢了！"（Justice is nothing else than the interest of the stronger）① 这样的声音在奴隶社会中意味着什么，是不言而喻的，它比那种"正义在于付清债务"之类的道德说教不知要高明多少。连苏格拉底也只好王顾左右而言他，无从回答了。

柏拉图所主张的理想生活，其内容十分庞杂，有些地方十分抽象，有些地方又十分具有生活气息。其中甚至包括了节制生育、素食主义、返回自然等理论。犬儒学派的阿坡洛尼亚的第欧根尼（diogenes of apoeeionie）的理想有某些共同之处。因此近代有些人常把柏拉图和圣西门、傅立叶、威廉·莫里斯（William Morris）、托尔斯泰等人相提并论②。

---

① 《理想国》338，转引自乔义特：《柏拉图对话集》，英译本，1924 年版，第 3 卷，第 15 页。

② 例如英国著名美学家，长期担任过《英国美学杂志》主编的哈罗德·奥斯本（Harold Osborne）就把柏拉图和托尔斯泰作过比较，认为："柏拉图是一个艺术家，并且对艺术美的吸引力和魅力相当敏感，他并不是因为艺术有这种吸引力而像典型的清教徒那样去谴责艺术，而是因为他相信艺术有害于社会的其他一些理由……现代的托尔斯泰，他自己也是个艺术家，而且对美也有广泛的敏感力，可是由于某种宗教和社会教条，导致他去谴责这样一种意见：一件事物之所以是善的就因为它美。并把绝大多数的艺术作品都当作社会魔鬼来加以拒绝。"见哈罗德·奥斯本：《美的理论》，伦敦，1952 年版，第 38 页。

曾有许多批评家指出：柏拉图未能证明自己的思想是正确的。《理想国》纯属无法实现的空想，即使勉强实现了，也远远不是一种理想的制度。罗素认为这个乌托邦方案只是一个编造得相当详细的谎话，除了“它能保证某些少数人的生活”外，“由于它的僵硬，它差不多绝不会产生艺术或科学”。① 杰罗姆·斯托尔尼兹说：“对艺术实行严格检查的建议是柏拉图在《理想国》中批判怀疑论者对生活看法的许多事情之一。我们在20世纪已经分担了更多的极权主义，在这种社会中生活经常被报导说是凄苦和单调的，这种扩大了的呆滞几乎像宗教迫害时期和自由的丧失一样的令人恐惧。……艺术的题材、形式、风格都严格地受到限制。……艺术在这种共和国里是高度因袭化了的。它怎能不变得沉闷和毫无生气呢？……我们能指出新近苏联的绘画，它绝大部分都热衷于赞扬英雄和革命历史事件，以及纳粹德国生产的毫无趣味的艺术。如果把艺术局限于对神和好人的赞美，那么那种强有力的和丰富的诗是很难产生的。”② 这样，人们不禁要问：《理想国》还可能对美学理论具有一种积极的价值吗？

二

哈罗德·奥斯本曾说过：“今天的美学虽然已经有了大量愈来愈成熟的著作，但无论是讲演或者著作中关于美的问题的论述，比起柏拉图所生活的那个时代来却并不具有更多正确的意义，而无意义的胡扯倒是不少的。”③

但是，《理想国》中柏拉图对艺术的态度的确可以说是灾难性的，他直截了当地宣称：“除掉颂神的和赞美好人的诗歌以外，不准一切

---

① 罗素：《西方哲学史》，中译本，1976年版，上册，第156页。

② 杰罗姆·斯托尔尼兹（Jerome Stolniz）：《艺术批评中的美学与哲学》，波士顿，1960年版，第345～346页。

③ 哈罗德·奥斯本：《美的理论》，伦敦，1952年版，第1页。

诗歌闯入国境”①。那么怎样来调和以上这两段引文之间的尖锐矛盾呢？不仅是奥斯本，绝大多数人也都承认柏拉图的美学理论绝大部分来自《理想国》，那么怎么去调和《理想国》对美学所作出的重大贡献以及在同一本著作中柏拉图对诗（也包括艺术）的攻击呢？有人找出了一种方法，就是把《理想国》的前九卷和第十卷分开。

罗伯特·W. 霍尔指出：“柏拉图的艺术理论绝大部分是从《理想国》那里来的，从习惯上来说，绝大多数的解释都有这样的看法，即第十卷中所讨论的摹仿问题是和前面第二卷和第三卷中所讨论的问题相冲突的，这种看法认为前面几卷是无可指摘的，甚至是正确的，而第十卷则是有争论的。”②

莫里斯·帕蒂也相信《理想国》第十卷明确地排斥了诗，除个别的例外，一般也包括了要把所有的艺术都从理想国中排除出去。因为柏拉图仅能允许哲学家关于知识的各种形式存在。他“企图去证明实际上并没有一种有形的艺术或语言能捕捉永久的形式”，“虽然柏拉图承认艺术可以是真实的，而且也承认诗包含着巨大的真实性，但这仅仅是作为一种可能性，何况柏拉图并不明确地承认艺术家有这种能力，而在《理想国》第十卷中，看来他是想去否认这种可能性，他并不想把艺术中那种愚蠢的模仿（ignorant imitation）和那种不朽形式（eternal forms）调和起来”。③

因此，首先的问题是究竟在柏拉图《理想国》的前九卷和第十卷之间存在不存在一种理论上的矛盾和对立？的确，在第十卷的开头，苏格拉底就声称：“禁止一切摹仿的诗进来”（to the rejection of imitative poetry），这样断然的禁令在前九卷中是没有的，就凭这一句话，有许多学者曾断言柏拉图在第十卷中对艺术的解释根本就不成其

---

① 《理想国》607，转引自朱光潜：《柏拉图文艺对话集》，中译本，1980年版，第87页。

② 罗伯特·W. 霍尔（Roberl W. Hall）：《柏拉图艺术理论的再评价》，美国《美学与艺术批评杂志》，1974年秋季号。

③ 莫里斯·帕蒂（Morriss H. Partee）：《柏拉图对诗的排斥》，美国《美学与艺术批评杂志》，1970年第2期。

为一种艺术理论，而只是对艺术的一种攻击而已。他对艺术的曲解已到了令人难以理解的地步，以至也不可能对这种攻击本身作出解释。

不仅如此，柏拉图对诗的攻击又被这样一种看法加强了对它的费解：既然柏拉图自己是个诗人，他的对话充满着诗质和戏剧性，那么为什么一个诗人会对其他的诗人充满敌意呢？为什么他看不到他所想追求的那种真理也可以体现在诗句中（就像他在《伊安篇》中所认为的那样）？为什么他看不到人类生活某些若隐若现的微光和阴影只能被表现在诗中呢？如果是一些枯燥无味的哲学家主张赶走诗人，如果是一些毫无审美情趣的人主张赶走诗人，那么，即使人们不同意这样做，至少也容易理解，但柏拉图本人不仅是个思想家，而且还是个文学家，他那些哲学对话，尤其是早期和中期的对话，许多人认为是具有代表性的文学杰作，它们有着巨大的魅力，想象力，戏剧般的生动性以及雄辩的透彻性，那么为什么一个生活在历史上思想最活跃、最有创造力的时代，本人又是文艺家的柏拉图要对他的"同行"发出如此严厉的谴责呢？①

乔义特（Jowett 1817～1893），这位著名的英国古典学者，柏拉图著作的权威翻译者，认为柏拉图之所以成为诗的敌人，是因为在他那个时代诗已经趋向于衰落了。正如柏拉图自己在《法律篇》701 中所说的那样一种"戏院政体"（theatrocracy）已取代了贵族政体（aristorcacy），欧里庇得斯已演完了最后一幕悲剧，老的喜剧几乎绝迹，新的却未诞生，戏剧和抒情诗正如希腊文学的其他部门一样，落入了雄辩术（rhetoric）力量的控制之下。这是第一个原因。第二个原因是在柏拉图看来，演员的职业化是一种人性的堕落，因为一个人在他一生中不能扮演许多角色，演员扮演旁人的性格就会损害他本人

---

① 除前面引述过的奥斯本认为柏拉图是个艺术家的看法以外，还有许多人持同样看法。保罗·J. 格伦（Paul J. Glenn）认为柏拉图"是一个诗人、剧作家、旅行家、哲学家，而最重要的他还是个第一流的文体批评家（Stylist），但是柏拉图毁掉了他自己所写下的诗和剧本"。（见《哲学导论》，美国查尔斯城版，第 55 页。）杰罗姆·斯托尔尼兹在《艺术批评的美学与哲学》第 314 页，R. G. 科林伍德在《艺术哲学论文集》第 157～158 页中都有同样看法。

的性格，人除了那个“自我”以外，其它的东西都是不真实的。不可能有其他任何一个人会像他本人那样的生活，那样的行动。演员是他的艺术的奴仆，而不是他艺术的主人。因此之故，柏拉图对戏剧家的排斥要比对诗人更坚决。尽管他肯定知道希腊的悲剧家们曾提供了美德和爱国精神的最高典范。第三，柏拉图认为诗人和画家只不过是个摹仿者，他们和真理隔了三层，他们的作品也没有经过法则和尺度（rule and measure）的检验，它们只是一种外观（appearances）。第四个原因，柏拉图反对摹仿艺术是因为它所表现的是人性的情感部分而不是人性的理性部分。和亚里士多德不同，他并不认为悲剧及其它艺术所引起的恐惧和怜悯能净化人的情欲，恰恰相反，柏拉图认为它们只是提供了放纵情欲的机会。第五，柏拉图通过分析发现，诗人所述及的灵魂都和一种较低的能力有关，而较高的能力总是和共相（universals）有关，较低的能力总是和个别的感觉有关。除此之外，乔义特虽然也有“柏拉图自己是个诗人”等等的提法，但是他认为柏拉图在成为苏格拉底的门人之后就再也不是一个诗人了。（以上的五个原因，是本文作者归纳的，并非乔义特的原话。）这最后一点也似乎很有道理。柏拉图之所以采用对话体的形式，既不出于对诗的爱好，也不出于对戏剧的爱好。威廉·明托（William Minto）也认为柏拉图的对话就是当时雅典贵族所喜爱的问答游戏的发展，而亚里士多德的逻辑学则如同古代的桥牌巨著，把进行这种游戏的规则和战术都制订了下来。① 布兰德·布兰沙德（Brand Blanshard）认为雅典人很像是古代世界中的巴黎人。他们在市场上或神庙里聚集一起时，就对政治、道德、哲学、宗教和艺术趣味不断地争论。雅典青年醉心于辩论正如我们看待下棋一样。② 这种情况看来可能更符合于当时柏拉图生活的那个时代环境，并非戏言。这才是产生这种对话体的最重要的原因。

科林伍德（R. G. Collingwood）实际上早在他的著名著作《艺

---

① 威廉·明托：《逻辑学》，第3~4页。

② 布兰德·布兰沙德：《理想与分析》，1962年版，第2章。

术原理》一书中就承担起对柏拉图的《理想国》进行重新评价的任务。他总的看法是柏拉图决无理由受到嘲笑，错误只存在于对柏拉图著作的解释者那一方面。所谓柏拉图攻击艺术只是一种“神话”。科林伍德举出的理由是：(一)《理想国》把诗划分为两种，一种是再现性的，一种不是再现性的（参见《理想国》392)；(二) 柏拉图把再现性的诗看作是娱乐性的。为了许多不愉快的理由，他主张把这些再现性的诗不仅从青年的书房中驱逐出去，而且也要从整个城邦中赶走(《理想国》398)：(三) 在后来的对话中（595)，柏拉图对前面所作的对诗的划分表示满意；(四) 以一种新的论证增强了对诗的攻击，这时扩大到所有再现性的诗（《理想国》595 - 606)；(五) 主张驱逐所有再现性的诗，但仍然保留那种非再现性的特殊种类的诗(《理想国》607)。

在科林伍德看来，《理想国》前后的思想基本上是一贯的，只有程度上的差别而没有实质上的差别，而且展现为一种合理的发展过程。事实上也正是如此。因为在前面的第三卷中柏拉图早就在主张驱逐“摹仿”诗人，只不过表面上采取一种有点做作的礼貌形式而已：“我们要把他当作一位神奇而愉快的人物看待，向他鞠躬敬礼；但是我们也要告诉他：我们的城邦里没有像他这样的一个人，法律也不准许有像他这样的一个人，然后把他涂上香水，戴上毛冠，请他到旁的城邦去。”① 这里柏拉图认为需要驱逐的只是某一种诗人。(科林伍德认为这种被驱逐的诗人甚至并不就是叙事诗人，而是表演娱乐节目的人(entertainer)，他们被认为有着不可思议的专门逗乐的本领。) 而那些赞美神和好人的诗人至少仍然可以留在城邦中。当柏拉图写第三卷时，他似乎也默认某种戏剧可以进入到他的理想国内，而当他写到第十卷时，他的观点逐渐凝固了：所有的戏剧都应当被赶走。

尽管科林伍德认为那种对柏拉图的非难已经被一个又一个的作家所重复和发展，以至于想反驳它似乎是毫无希望的，但他还是作出了

① 《理想国》398，转引自朱光潜：《柏拉图文艺对话集》，中译本，1980年版，第56页。

反驳。科林伍德认为：柏拉图在《理想国》中讨论娱乐性艺术（amusement art）仅仅是作为一个附带的问题提出来的。《理想国》涉及大量的各种各样的问题，它并不是一本百科全书或一篇总结性的论文，它实际上只专心致志于一个问题，而其它各种问题只有在能启发这种问题时才被加以探讨，这个问题就是希腊世界的衰落，它的症兆，它的原因，它的可能补救办法。在这些症兆中，柏拉图正确地指出；古老的巫术宗教（magical religions）已被一种新的娱乐性艺术所代替，柏拉图讨论诗就是根源于这样的一种现实意识之上的。他完全了解老的艺术和新的艺术之间的差别……他认为新艺术的堕落就在于它是一种带有过分刺激性的艺术，过分使人动情感。"① 罗素也曾指出，希腊时代"任何地方的原始宗教都是部族的，而非个人的。人们举行一定的仪式，通过交感的魔力以增进部族的利益，尤其是促进植物、动物与人口的繁殖。……不带有这种残酷的景象的祈求丰收的仪式，在全希腊也很普遍"。② 如果巫术宗教真的是在柏拉图之前还存在，而且被娱乐性艺术所代替，那就暗示着当时还残留着艺术起源时的某些痕迹。在柏拉图看来，这种娱乐性艺术充满着情感的力量，无论它是悲剧或喜剧，都会对人产生不良影响。"听到荷马或其它悲剧诗人摹仿一个英雄遇到灾祸……我们中间最好的人也会感到快感，忘其所以地表示同情。""你看喜剧表演或是听朋友们说笑话，可以感到很大的快感。……结果就不免于无意中染到小丑的习气。"③ 无论是痛感或快感的事物，经过摹仿，仍然有害于身心的健康。

这样，在怎样对待悲剧问题上柏拉图和亚里士多德的看法就截然不同。在《理想国》第十卷中，柏拉图认为理智力量会自然而然地倾向于镇压那种大难临头时想大哭一场的自然倾向，而悲剧诗人想满足的正是这种倾向，——这种感伤癖。人性中的最好部分如果没有理智的控制，对这种感伤癖失去了防范，那么人就会拿旁人的痛苦来取

① R. G. 科林伍德：《艺术原理》，牛津，1955 年版，第 52 页。

② 罗素：《西方哲学史》，中译本，1976 年版，上册，第 33 页。

③ 朱光潜：《柏拉图文艺对话集》，中译本，1980 年版，第 85、86 页。

乐，只有很少的人才会想到旁人的悲伤会造成自己的悲伤。这里，柏拉图一方面看到了悲剧有巨大的感染力，一方面又认为这类艺术的发展会使社会产生出过多的、缺乏积极意义的情绪。而在亚里士多德看来则恰恰相反，正因为娱乐性艺术所产生的情绪将通过娱乐本身而得到发泄，因此非但无害反而有益。亚里士多德对悲剧的分析实际上就是对娱乐性艺术的一种辩护，实际上已经回答了柏拉图对娱乐性艺术功能的怀疑。《诗学》就其本质而言并不是对诗作出的辩护，而是在这种理论背景下对那些读起来感到愉快的诗所作出的辩护。然而，亚里士多德对悲剧效果的心理分析及其意义却早已超出了柏拉图所遗留下来的问题的范围。在柏拉图看来，悲剧所引起的观众的怜悯与恐惧对实际生活是有害的；亚里士多德则认为悲剧所引起的情绪实际上不可能长期逗留在观众思想中而成为一种沉重的压力，而是在观看悲剧的同时，在经验这种情感的同时，也就得到了解脱。只是那种“净化”了的情绪还会保存在观众的记忆里。悲剧演完后，观众不再感到怜悯和恐惧，相反，情绪得到调节而变得更为轻松了。他在心理学的意义上说明了柏拉图那种想通过废除娱乐性艺术来根除社会邪恶的想法是毫无意义的。（对希腊悲剧的看法，尼采倒说过一句颇为深刻的话，“希腊人非悲观者，悲剧便是证明”。见《尼采自传》或《悲剧的诞生》。）可是，柏拉图看不到这一点。反对娱乐性艺术的主张一直被柏拉图坚持到晚年。在《法律篇》667 中他仍然严肃地认为：艺术的愉快和娱乐价值不能代替真理和对称（symmetry）。他要求所有想对诗作出辩护的人必须要说明诗并非只是愉快的源泉，而且能对人们的生活和社会是有利的《法律篇》665）。认为在艺术家和诗人的作品在得到检查并被那些对社会负有责任的人批准以前，对公众来说缺乏利用的价值（《法律篇》801）。艺术家们也不能对各种新的艺术形式和类型进行自由的实践，业已确定的艺术形式都是在道德上被认为是有益的，任何一种新的改革都不容许存在(《理想国》424、《法律篇》798～799)。

在柏拉图生活的那个雅典社会，“艺术”具有着我们所难以理解的那种意义。《会饮篇》175 中柏拉图告诉了我们当时一场戏观众达三万人，所以这点是很清楚的，戏剧艺术家以及他们所拥有的观众是一种强大的社会势力。杰罗姆·斯托尔尼兹曾指出：当时的“艺术是一种主要的社会势力，它的影响是那样的深远，以致希腊人根本不可能像现在那样在‘美的艺术’和‘实用艺术’之间作出区别。况且，文学、音乐、舞蹈都紧密地和宗教、教育联系在一起。古典诗人荷马、赫西阿德的作品都是道德信念和宗教信仰的重要源泉。也正因为艺术有着非常巨大的影响，而且还由于柏拉图认为它们的影响多半是坏的，所以才在《理想国》里提出了一项苛刻的方案。”① 这段话可能对所谓的“剧场政体”的理解会有所启发。但是当这种为柏拉图所不容的娱乐性艺术果真作为一种社会巨流建立起来的时候，柏拉图也就无能为力了。他所预言的那种所谓的文化危机经历了一个很长时期的成熟过程，希腊—罗马社会大概有六七个世纪之久，人们在日常生活中都对娱乐性艺术感到了极大的兴趣，而在柏拉图时代，它还只是一种朦胧的力量，柏拉图在这种变化中看到的只是旧有文化传统的丧失，他要把他那“英勇的心”（科林伍德的提法）以及全部精神力量投入到防止这种局面发生的努力上去，可是正是在《理想国》写作的时期里，诞生了亚里士多德，他不再为娱乐性艺术而感到忧虑，相反，这种局面在亚里士多德面前展开了另一个新的希腊世界。

三

沃莱在《希腊的美学理论》一书中说：“《理想国》的绝大部分，柏拉图描绘了一种政治的典范，在最初，它被想象作为一种逻辑手段去发现一个人灵魂中的正义的性质和作用，正如大的字体总比小的字体容易读一样，在同样的方式上我们被告诉说：社会的正义要比个人的正义容易加以分析。”② “正义”问题本来是伦理学的一个重要命

① 杰罗姆·斯托尔尼兹：《艺术批评的美学与哲学》，波士顿，1960年版，第341页。

② J. G. 沃莱：《希腊的美学理论》，伦敦，1962年版，第5页。

题。从某种意义上说，《理想国》也就是柏拉图试图对未来政治家的一种适当的正义和适当的教育作出明确的规定，因此，在这种前提下所能提出的美学思想不能不带有浓厚的伦理学色彩。

弗朗西斯·J. 科瓦奇（Francis. J. Kovach）曾指出："苏格拉底、柏拉图和亚里士多德都是通过对美德的一股性强调和对美德的美的特殊强调，开始了对伦理美学（ethical aesthetics）领域的研究。"① 这是很正确的。假如我们追溯到柏拉图所生活的那个时代，我们就会发现在美和艺术之间并没有什么必然的联系。柏拉图曾涉及到各种各样的"美"，但他仅仅是在一种当时希腊人日常的意义上、即那种"好"和"善"的意义上去使用这个词的。对他来说，"美"也就是那种能使人去赞美、去欲求的任何东西。因此，柏拉图的美的理论首先并不是涉及自然的美或艺术的美，而是首先涉及性爱中的美。这一点几乎在许多著名的对话中都留下了显著的痕迹。美首先是爱的欲望的对象（并且就连这一点而论，柏拉图也不完全是孤立的，因为直到目前为止，弗洛伊德的学说常常在西方美学中占据了显赫的地位)。其次，是涉及道德的美（而由于一些批评家有意无意地忽略了那种性爱的美，因此才使道德的美上升到第一位)。第三是涉及知识论，美能引导人们去追求真理。

柏拉图说："尽管他对于每种东西的美丑没有知识，他还是摹仿；很显然地，他只能根据普通无知群众所认为美的来摹仿。"② 这里的"美"字有的英译本译作"善"(good) 有的英译本译作"美"(beautiful)。乔义特的英译本就译作"善"。③ 这是为什么呢？因为希腊人就不太分得清什么是"美"，什么是"善"，善也就是美，美也就是善。希腊所谓的"美"并不意味着我们现代意义上的那种美，

① 弗朗西斯·J. 科瓦奇：《美的哲学》，诺曼，1974 年版，第 12 页。

② 《理想国》602，转引自朱光潜：《柏拉图文艺对话集》，中译本，1980 年版，第 79 页。

③《理想国》602，转引自乔义特：《柏拉图对话集》，英译本，1927 年版，第 3 卷，第 316 页。

常常是意味着善（goodness）或正确（rightness）或有用（utility）。正像古希腊没有现代意义上的“艺术”一词那样，他们也没有现代意义上的“美”字。当希腊人想说“美”的时候，这些词都是接近于享乐的意义，尤其是指那种情欲的享乐。对于柏拉图笔下的苏格拉底来说，艺术的魅力，美，本质上都是一种情感的东西，艺术因此就是情感的一种训练和陶冶，而不是理性的训练。“美德（virtue）就是灵魂的健康、美（beauty）和幸福；同样，恶也就是颓废、虚弱和畸形。”①“美”是包括在美德之中的，是美德的一个组成部分。并不存在专门指审美意义上的美，而常常指那种把道德价值和审美价值融为一体的理性生活的价值。在康德美学体系中依然可以见到柏拉图这种“伦理美学”的痕迹。康德在《判断力批判》第59节中明确提出了“美是道德的象征”这一主张。并说：“我们称呼自然的或艺术的美的事物常常用些名称，这些名称好像是把道德的评判放在根基上的。我们称建筑物或树木为壮大豪华，或田野为欢笑愉快，甚至色彩为清洁，谦逊，温柔，因它们所引起的感觉和道德判断所引起的心情状况有类似之处。”在康德之前，夏夫兹博里（L. Shaftesbury）、休谟等英国美学家也都把美感和道德感看作是相通的。休谟曾在《人的理解力和道德原则的探讨》中说过：“理智传达真和伪的知识，趣味则产生美与丑、善与恶的情感。”

在《理想国》第3卷里，苏格拉底提出了要监督诗人们，强迫他们在诗里只描写善的东西和美的东西的影像的主张，同时他又说：“应该寻找一些有本领的艺术家，把自然的优美方面描绘出来，使我们的青年们像住在风和日暖的地带一样，四周一切都对健康有益，天天耳濡目染于优美的作品，像从一种清幽境界呼吸一阵清风，来呼吸它们的好影响，使他们不知不觉地从小就培养起对于美的爱好，并且

① 《理想国》444，转引自乔义特：《柏拉图对话集》，英译本，1924年版，第3卷，第138页。

培养起融美于心灵的习惯。”① 这里所说的“优美”或“美”仍然并不是单指审美意义上的美，而宁可说是一种善，一种美德和审美的混合体。柏拉图指望造成这样一种善的环境，青年人在这种环境中可以在所有对象上汲取美好的东西。乔义特英译本译作“……receive the good in everything.”既然环境就是一种善与美的统一，那么在这种环境中生活的人，自然而然就会在道德面貌上有所改善（这里也透露出柏拉图关于美的看法存在着一种客观论的思想）。总的说来，他认为一种美好的生活方式只有在理性的控制下方能实现，任何有损于灵魂健康的活动，都应当在道德上加以非难。在《理想国》的结尾处，柏拉图认为如果证明不出她（在这里柏拉图是指诗，他把诗拟人化了）有用，那么就应该像情人发见爱人无益有害一样，就要忍痛和她脱离关系。所以实际上在柏拉图看来，连性爱也应纳入道德美的范围之内。当他提出理想国的居民将生活在一种充满美德和融洽的环境之中的时候，它的审美特征并不着眼于我们通常所说的那种艺术作品，而是渗透进生活的各个方面。就像现在西方某些美学家提出的把“处于一种环境中的艺术”变为“把环境本身作为一种艺术”的时髦口号那样②，柏拉图认为：“图画和一切类似艺术都表现这些好品质，纺织，刺绣，建筑，以及一切器具的制作，乃至于动植物的形体都是如此。……美，节奏好，和谐，都由于心灵的聪慧和善良。”③ 在柏拉图看来只有心灵善良的人才能创作出美的事物。

柏拉图究竟生活在美学的创始阶段，能够提出一种具体的伦理美学并不容易，他一生都在孜孜不倦地探索美的本质问题，试图寻找它的答案。在《大希庇阿斯篇》中，他用一句古谚来加以结束：“美是难的”。意思是说美是难以去解析的。而在《理想国》中，他认为一

---

① 《理想国》401，转引自朱光潜：《柏拉图文艺对话集》，中译本，1980年版，第62页。

② 格尔德·沃兰德（Gerd Wolandt）：《德国的哲学美学和经验研究》，《英国美学杂志》，1978年冬季号。

③ 朱光潜：《柏拉图文艺对话集》，中译本，1980年版，第61～62页。

个人只承认有美的东西而不承认有美本身，这个人就等于在做梦。而一个人认识美本身，并且能够区别美本身和“分有”美本身的事物，既不把美本身当作这些事物，也不把这些事物当作美本身，这样的人却是清醒的①。在《莱西斯篇》(Lysis) 中，柏拉图又把美称之为“柔弱的、悦耳的、滑溜溜的东西”，它“容易溜进并渗入我们的灵魂”②。把美理解为某种物质属性。对美的本质的这些探讨，即使极不成熟，也极为不易。因为从古希腊直到中世纪的14世纪，能不畏艰难，大胆探索美的本质问题的人并不多。而在柏拉图的后继者中，不仅是亚里士多德，相当一批著名的美学家都受到他的深刻影响。爱比克泰德，(Epictetus)、西塞罗 (Cicero)，费罗 (Philo)，维特罗维 (Viturvius)，普罗提诺 (Plotinus)，奥古斯丁 (Augustine)，小狄奥尼修斯 (Dionysius) 等人的美学理论，实际上都可以追寻到柏拉图的影子。在某种程度上可以这样说，假如他们对柏拉图的美学理论没有印象的话，几乎都不可能提出自己关于美的主张。

这里，我们也可以看到西方美学史上的一个有趣现象：即一个唯心主义者的柏拉图，他所叙述的美的本质常常是属于那种“客观论”范畴的。弗朗西斯·J·科瓦奇指出，“我们知道恩培多克勒 (Empedocles) 认为大自然中就呈现着秩序和美，柏拉图也像那些美学上的客观论者所认为的那样，主张所有事物都是美的，就像它们是善的那样，而且所有事物之所以是美的，就因为它们本身就是美的；所有善的事物，都是美的。”③ 他甚至把圣·托马斯 (ST. Thomas) 也都称之为“所有时代中最伟大的客观论者”，因为圣·托马斯提出了三个分析的原则和一个美的综合原则都是属于审美客体本身所固有的。(圣·托马斯的三个分析原则就是一、完美和完整；二、比例适当；三、鲜明。一个综合原则就是“美属于形式因的范畴”。他主张“所

① 参见：《古希腊罗马哲学》，中译本，1982年版，第193页。

② 《莱西斯篇》216，转引自乔义特：《柏拉图对话集》，英译本，1937年版，第1卷，第45页。

③ 弗朗西斯·J. 科瓦奇：《美的哲学》，诺曼，1979年版，第85页。

有东西只要它的比例适当，就都是美的”。）因此，主张美是客观的，并不就能保证他是个唯物主义者，这很清楚，难道因为圣·托马斯说过这些话他就成了唯物主义者了吗？在《理想国》的第七卷中，柏拉图说：“我们见到的星空是组成在一个肉眼看得见的背景上的。因此即使是最美丽、最完美的可见事物，也必须被认为要远远低于那种绝对快速和绝对缓慢的真正天体的运行。它们相互之间有一种关系，天体运载着并包含着这些可能的事物，包含着这种真正的韵律和真实的形象，而所有这些都不能靠视觉而只能靠理性和智力才能加以解释。”① 这是柏拉图就他那个时代的天文学水平对宏观世界的美的客观性所作出的一种说明。虽然其中可以看到毕达哥拉斯对他的影响。柏拉图认为天文学是眼睛的对象，声学是耳朵的对象，但在两者之间却有一种神秘的联系：“我想正如眼睛是为了去看星星那样，耳朵是留着去听悦耳的天体运动的，这是两门姐妹科学。”② 这也是历史上最早提出的只有视、听 的感觉才是和审美有关的看法。在他看来，音乐的和谐来自天体运行的和谐，所以“那些教和声学的教师想拿普通的声音和协和音相比，他们这番功夫和天文学家一样，是毫无用处的”③。

看来，当时希腊人已经在对和声学作实验性研究，只是柏拉图很轻视这项研究。柏拉图第一个把视觉的对象和听觉的对象作了区别，在《法律篇》961 中他把视觉和听觉称之为“最高尚的感觉”，而在《大希庇阿斯篇》298 中，他又认为唯有视、听感觉才能认识到美。这一思想立即被亚里士多德、奥古斯丁等人加以采纳。托马斯·阿奎那也像他的先驱者一样，认为眼睛和耳朵是高级的感觉器官，是所有

① 《理想国》529，转引自乔义特：《柏拉图对话集》，英译本，1924 年版，第 3 卷，第 232 页。

② 《理想国》530，转引自乔义特：《柏拉图对话集》，英译本，1924 年版，第 3 卷，第 232 页。

③ 《理想国》531，转引自乔义特：《柏拉图对话集》，英译本，1924 年版，第 3 卷，第 234 页。

感觉器官中“最有认识力”的。① 实际上这些意见只不过是柏拉图的翻版而已。

虽然柏拉图在《理想国》中也对音乐作出了种种限制，但比起对叙事诗和戏剧来，他对音乐的态度始终是比较宽容的。因为他认为音乐的“美与不美要看节奏的好坏”。是什么原因使得对艺术采取排斥态度的柏拉图惟独对音乐采取了另一种态度呢？看来正是音乐反映现实的特殊方式所带来的模糊性，使柏拉图不得不对它采用一种容忍的态度。

一些著名美学家显然对柏拉图的伦理美学存在着评价上的分歧。鲍桑葵（B. Bosanquet）曾认为当希腊哲学家们把道德（morality）包括进美中去的时候，“希腊美学无疑把网撒得太宽了”。另一些人则指出这一点则是不可避免的，因为当时还并不存在现代意义上的美学。沃莱指出“对于公元前 4 世纪时的希腊来说，美和艺术还是体系相异的主题，并且在程度上是无法两相比较的。当时还不存在着艺术美是自然美的改善这类问题。任何一种艺术都只不过是自然的代用品。”他并且指出“鲍桑葵对古代希腊美学的估价过低”。② 奥斯本指出：“在柏拉图和亚里士多德著作中证明了希腊思想对美的态度是朴素的、实践的……希腊词美 本身就包容着一种道德内涵而不是像现代的意义那样，完全是一种审美内涵。”③ 实际上近代和当代仍然有相当一部分人认为美和善是不可分割的。例如埃默森认为“真、善、美是同一个‘全’（all）的不同面貌”。④ 荣格曼则把美规定为某种或某种方式的善⑤。穆尔也说：“把美定义为对它本身所具有的善的赞美的一种静观，这是可能的。”⑥

---

① 圣·托马斯：《神学大全》，I ~ II. 27. 1. 3。

② 沃莱：《希腊的美学理论》，伦敦，1962 年版，第 2、13 页。

③ 哈罗德·奥斯本：《美的理论》，伦敦，1952 年版，第 170、171 页。

④ 埃默森（R. W. Emerson）：《自然》，纽约，1903 年版，第 24 页。

⑤ 荣格曼（J. Jungmann）：《美学》，弗赖堡，1884 年版，第 149 页。

⑥ 穆尔（C. E. Moore）：《伦理学原理》，剑桥，1962 年版，第 201 页。

四

希腊美学常常把摹仿看作是美的艺术（fine art）的一种特征，并且认为这一点是不证自明的。美的艺术正因为它是摹仿的，因而区别于技艺性的实用艺术。甚至连音乐、舞蹈这些表现艺术有时也认为是摹仿的。艺术的本质在于摹仿，构成了柏拉图驱逐诗人的基本理由。《理想国》第十卷一开头就提出了这样的一种看法，即诗（实际上也可泛指其他形式的艺术）对那些对于诗的本质真相一无所知而没有解毒药的人来说是危险的。因为摹仿的诗对于听众的心灵来说是一种毒素。柏拉图在把神的床、木匠的床，画家的床作了区别以后，得出结论说自然物或实用器物的生产都是对一种超感觉的不朽理念的摹仿，画家的床既然是对木匠的床的摹仿，因此美的艺术就只是一种摹仿的摹仿，和真理隔着三层。它是双重的虚构，因而加倍的不真实。这实际上是柏拉图关于现实存在三重性的学说。他把所有的事物纳入到了这样三种品级之中：第一种品级：绝对永恒的理念；第二种品级：知觉客体，它是对第一品级即理念的摹仿；第三种品级：艺术作品，它是对第二品级即知觉客体的摹仿。柏拉图认为在这三种品级之间的秩序绝不能相混，假如有人错把第三品级当作第二品级，那么势必会把画家的摹仿技巧当作工艺制作技巧，即会把镜子式的反映自然解释为创造自然。这一点在《理想国》中曾加以反复强调，他认为艺术家的工作很容易，只要拿面镜子东照、西照，就会立刻创造出太阳、星辰、大地、自己、动物、器具、草木等一切东西。柏拉图第一次使用了反映这一概念，这面"镜子"肯定是美学史上的第一面出现的镜子，意义非同小可。其次，作为对艺术的一种贬低，柏拉图却又正确地指出了艺术所能反映的只是事物的一小部分，即事物的外观。画家充其量只能创造出事物的一种"影像"，乔义特把它译作"image"，实际上就是形象的意思。本来意在贬低艺术，由于抓到了艺术之所以为艺术的一个最重要的特征，因此它对后来理论上的意义完全超乎柏拉图的意料之外。例如，马克思曾经指出："植物、动物、石头、空气、光等等，部分地作为自然科学的对象，部分地作为艺术的对象。"① 马克思虽然没有直接说明自然物能够作为艺术对象的究竟是哪一部分，但我认为含义是清楚的：即是指事物的外观形象。当代美国著名 美学家苏姗·朗格（Susanne Langer）在《情感与形式》一书中则把审美显现命名为一种"外观""semblances"，美学可以把所有艺术都理解为创造某种外观或艺术的幻觉，例如绘画创造出一种空间的幻觉，音乐创造出一种时间进程的幻觉，所有这些幻觉，她认为都是"外观"所引起的。直到目前为止，可能还会有人对"外观"的概念抱类似于柏拉图的态度，以为强调艺术的本质特征在于外观会导向形式主义，其实不然。列宁在《黑格尔〈逻辑学〉一书摘要》中，在"本质性表现在现象中，因此现象并非只是没有本质的东西"的地方批上："现象是本质的表现"② 艺术只能通过现象来反映本质，柏拉图在这一点上也是对的：艺术的直接对象是感性世界，要想越过感性世界直接表现理念（本质）是不可能的。（ousia ontōs ousa）"可见物体本身是一种存在"《斐德若》247）美是种直接知觉，这种知觉能激起我们思想上升到对真理和本质的一种模糊的知③。恩格斯说过："我们当然能吃樱桃和李子，但是不能吃水果，因为还没有人吃过抽象的水果。"④ 动不动就批评作家、艺术家没有反映社会"本质"的人，就是喜欢吃这种"水果"的人。

柏拉图有时也会犯这类错误。据说安提斯昔纳有一次对柏拉图说："我看见一匹马，但不是马这个观念。"柏拉图回答说："那是因为你有眼睛而没有智慧"，这其实是文不对题的强辩，因为观念从来不是眼睛的对象。在这种地方，他自己也混淆了"品级"之间的区别。

《理想国》第十卷中的一个关键问题是对摹仿的看法。一些误解

① 马克思：《1844 年经济学—哲学手稿》，中译本，1979 年版，第 49 页。

② 《哲学笔记》，中译本，1974 年版，第 184 页。

③ 参见：《理想国》401～402，《斐多篇》61，《法律篇》689。

④ 《马克思恩格斯选集》，第 3 卷，第 556 页。

是建立在这样一种假设上的：即认为苏格拉底说到摹仿时，他的意思是指一种活动，木匠制作一把椅子摹仿着另一把椅子，是一种摹仿的活动，画家画一幅画，摹仿一件东西，也是一种摹仿的活动。这样来看摹仿概念，那是错的。苏格拉底不是这个意思。苏格拉底在这里所说的某一种品级的摹仿，并不单单是指那种再现性的摹仿活动，而是指同一品级的对象，只具有着它本身所固有的那种品级的特征，而品级不同的对象则具有着他们本身固有的不同特征。但是由于那种摹仿出现的外观（resemblance）往往会使低一品级的对象关系到比它高一级的对象，因此，摹仿的事物就以这种外观为理由，具有了一种独特的价值。虽然艺术作品摹仿着某一知觉客体（正如知觉客体摹仿理念一样），但这并不意味着艺术作品因为是一个知觉对象的摹仿，因此它会具有知觉对象同样的特征，并要求同样的价值体现。相反，它恰恰意味着它所摹仿的知觉对象相对立。艺术作品不具有它所摹仿的那种知觉对象所属的特征，而是有着它自己所具有的那种特征，即艺术作品仅仅具有着它所摹仿的知觉对象的一部分特征，即它的外观特征。并且也只有在这种外观的意义上艺术作品才有着自己的意义〔这一思想的继承者可以以克利夫·贝尔(CliveBell)、苏姗·朗格和赫伯特·理德（Herbert Read）为代表，因为他们三人都主张把美称之为“有意义的形式”。艺术作品所具有的外观的美，是一种符号，它是一定观念的象征表现。〕

木匠摹仿一张床的理念，他这样做了以后并不产生一张床的第二种理念。苏格拉底谨慎地指出木匠不可能做到这一点，木匠所能制造的，并不是一个可以通过概念或智力去了解的对象，即第一品级的对象，而只是一种可知觉的可见物体，即第二品级的对象。而造就知觉客体的那种知觉，它的价值则存在于对第一品级对象的关系中。尽管第二品级的对象企图在知觉形式中去体现理念，但知觉客体并不能作为理念的一种直接证明和理念发生关系。因为它并不就是床之所以为床的证明，而仅仅是企图体现理念的一种尝试，而且在苏格拉底看来，它难免是一种失败的尝试。因为知觉能力本身有其局限，它是不完全的一种能力。因而想在一种可以知觉的形式中去体现理念的完美性只是一种自相矛盾的企图，它注定要失败的。知觉的床不是床之为床的本质，只是近似于床的理念的一种感性形态，这也就是苏格拉底通过“摹仿”一词所表现出来的正确的含义。艺术的摹仿既然是由另一些和被摹仿的知觉客体不同的物质材料去构成了外观，因此它所产生的被摹仿对象的外观，并不真的能深入到这种媒介的物质材料里面，而且材料本身固有的物质特性也会在外观的真实性方面强加了一种不可逾越的局限。犹如大理石的物质特性永远无法等同于真人的皮肤。因此，外观的概念明显地关系到艺术家所要使用的物质媒介材料，艺术类型的区别正是由于媒介材料的不同而引起的。(这一思想曾由鲍桑葵在《美学三讲》中进行了透彻的论述。)

在《理想国》的第六卷和第七卷中，苏格拉底详细解释了这样一种观念：世界分成为各种实在的品级（grades of reality)，但是，只有最高品级才是绝对真实的、终极的。其他的品级根本不能算是真正的实在，它们只是幻象（appearance)，但这种幻象确实显现着，给它们以解释是必须的。这样，与摹仿的三重性相联系的是知识三重性的学说。这是由前面所提到的第一品级，即绝对永恒的理念所形成的。第二品级的知觉世界也并不是真实的，也不过是幻象，第二品级的价值也并不是绝对的，而是和它们所要满足的欲望有关。因为它的制造者并不知道何以要在这一种方式中创造而不是在那一种方式中创造，木匠只是去假设木床的使用者所希望要的东西是什么，而在制造中服从了这种假设。至于第三品级的价值更不是绝对的，它的价值仅仅关系到它是否符合于第二品级，即知觉的对象。这里，虽然柏拉图否认艺术的真实性，然而却提出了艺术真实的一个最重要的标准，即它必须与它所反映的现实世界相似。在柏拉图看来艺术摹仿现实，也只涉及幻象的幻象，艺术不是知识，因此它不能因真实而受到赞美，它的对象既不是知识，又不是意见。(按照柏拉图的看法意见是处在知识与无知之间的一种能力，它既不是知识也不是无知。）因为意见有时可以碰运气，运气好的话，意见也可以是真实的，艺术却不然，它与真实根本无关，换言之，对艺术的审美经验既不是一种知识，也无须相信它是一种知识。那么艺术的真正对象是什么呢？它的对象就是想象中的“幻象”或“形象”，因此艺术家缺乏的不仅是知识，而且连意见都缺乏，他对他所摹仿的题材的美丑，既没有知识，也没有正确的理解（见《理想国》602）。既然摹仿者对美丑没有知识，所以他只能根据无知群众认为美的来摹仿。柏拉图认为以直接感觉为标准的摹仿很容易发生错觉，而要防止错觉，就必须借助于度量衡，通过测量、计算和度量来加以纠正。

第二品级的对象（即木匠的床）所需要的那种技艺知识在柏拉图看来既然不是一种知识而只是一种意见，一种关于知识的意见，因此艺术家只能是受他人意见指导的意见，即意见的意见，不是第一品级的意见，而是第二品级的意见。知识可以自证其正确性，意见却无法自证为正确的，只能去求助权威的意见；艺术因为它只是一种意见的意见，所以它既不能求助于论证，也不能求助于权威的意见而证明自己是正确的。它的标准因此只能以直接的感觉为标准。第二品级的对象由于它直接涉及到第一品级的对象，因此它虽然只是一种意见，但却是可以分清错误的意见还是正确的意见；而在第三品级的对象中，因为它只是一种意见的意见，因而就无从证明什么是正确的，什么是错误的。苏姗·朗格在《哲学新解》一书中就推理符号“discursive”与非推理符号“non-discursive”之间作出了区别。她认为历史的陈述或数学的陈述都是推理的，它们可能被另一种陈述驳倒。而艺术是非推理的，因此人们不能用一幅画去驳倒另一幅画。一首诗虽然也含有推理的成分，但作为一种整体，它是一种情绪的、非推理的表现，并且不可能被另一首诗驳倒。她的这些意见和柏拉图的说法有许多相同之处。按照柏拉图的看法，艺术正处在理性的消失点上，这种消失点正好和情感相衔接，艺术因此是促进并求助于情感的。支配着艺术的是情感，是热情，而不是理性，审美经验因此就是一种心理学意义上的“无政府状态”。因此艺术在一个秩序井然的理想国中必须由理性来加以控制和裁决。于是《理想国》用这样的话来加以结束：“我们应该像唪诵符咒一样来唪诵这几句话：这种诗用不着认真理睬，本来她和真理隔开；听她的人须警惕提防，怕他心灵中的城邦被她毁坏；我们要定下法律，不轻易放她进来。”①

但是不要以为柏拉图否认所有的摹仿艺术。柏拉图事实上承认有两种艺术，一种是好的艺术，一种是坏的艺术，这两种艺术各自和两种不同的摹仿相对称：也就是好的摹仿和坏的摹仿。好的摹仿就是所谓“神赐观念”（divine idea）的摹仿，坏的摹仿就是一般感觉现象的摹仿。好的摹仿就是摹仿理想国中统治者（或称监护人 guardians）的理想性格，同样好的诗之所以是摹仿也就因为它所摹仿的理想世界是统治者在自己的人格上要努力去仿效的。柏拉图力图让人们能理解到在这种意义上的摹仿将会得到理想国统治者的允许。就像画家所运用的“神赐的范例”那样。所谓的“神赐的范例”（也可译为“神圣的模式”，乔义特英译译作“heavenly pattern”，参见《理想国》500）。希腊词“范例”即模特儿的意思。在《理想国》的第五卷中，柏拉图关于理想国的“蓝图”遇到了这样的一种障碍，它简直很难用一种普通的术语表达出来，正如一个过分理想化了的画中人一样，在现实中找不到相应的模特儿，只好到天上去找，于是就出现了这种“heavenly pattern”。

柏拉图自我解嘲地说：“难道由于我们不能证明所描写的城邦在眼下是可能的，因此就说我们的理论是错误的吗？”② “如果我们对他说，那个可知觉的世界（即指理想国）是真实的，那么他们还会生哲学的气吗？当我们告诉他们，假如没有一个由摹仿‘神圣的模式’“heavenly pattern”的艺术家来设计国家，那么就不可能获得幸福，这样他们还会不相信我们吗？”③ 但是，尽管如此，柏拉图对于他自己所设想的那种理想化了的理论是否适合于感觉现象这一点也是踌躇再三的。因为一种理论如果在现实中得不到印证，就应当被认为

---

① 朱光潜：《柏拉图文艺对话集》，中译本，1980 年版，第 89 页。

② 《理想国》472，转引自乔义特：《柏拉图对话集》，英译本，1924 年版，第 3 卷，第 169 ~ 170 页。

③ 《理想国》500，转引自乔义特：《柏拉图对话集》，英译本，1924 年版，第 3 卷，第 200 页。

是有问题的。这样的一种踌躇也在他对摹仿的看法中暗示出来。在《理想国》501中他主张艺术家可以摹仿观念，而在该书的第十卷597中他又否认这一点，因为只有否认理想的观念是不可能被摹仿的，才能排除理想与现实的矛盾。

虽然希腊人认为艺术家的力量在于超越自然，艺术可以比现实更美，但这决不意味着他们主张一种先验的理想化视觉对象的存在，而只是意味着艺术家必须对他所要采用的模特儿加以选择。（希腊雕塑成功的奥秘在于，雕塑家完全懂得这一点，因此这些命名为神的形象仍然充满着尘世的气息。）但是柏拉图为了使理想与现实的矛盾得到调和和自圆其说，千思万虑地在所谓“本质的摹仿”和“外形的摹仿”之间作了区别：“他摹仿工匠作品的本质，还是摹仿它们的外形呢？”这一句话很重要，乔义特英译本译作：“which is the art of painting designed to be—an imitation of things as they are, or as they appear—of appearance or of reality.”① 这样也就有了两种摹仿，一种是按事物的本质（reality）来摹仿；另一种是把事物作为它所显现的那种外观（appearance）来摹仿，这种外观也就是幻象。由于柏拉图对那种外观摹仿的艺术采取了排斥的态度，因此他无疑是主张所谓“本质摹仿”的。这实质上是一种自欺欺人的鬼话。因为甚至连黑格尔都承认：“艺术的任务在于用感性形象来表现理念，以供直接观照，而不是用思想和纯粹心灵性的形式来表现。”“在自然界我们要借一种对自然形象的充满敏感的观照，来维持真正的审美态度。”②因此所谓“本质的摹仿”实际上等于要艺术家向壁虚构出符合理想国概念的一些模式化了的艺术作品，就这点而论，柏拉图是那种造就“公式化概念化”作品的理论先驱，所有为这类作品作辩护的唯一理由，实

① 朱光潜：《柏拉图文艺对话集》，中译本，1980年版，第72页。参见《理想国》598，转引自乔义特：《柏拉图对话集》，英译本，1924年版，第3卷，第311页。

② 黑格尔：《美学》，中译本，1959年版，第1卷，第86、163页。

质上都不会也不可能超出于柏拉图“本质摹仿”的概念。18 世纪中期英国新古典主义的代表乔舒亚·雷诺兹（Joshua Reynolds）和塞缪尔·约翰逊（Samuel Johnson）就是这种“本质摹仿”论的积极鼓吹者。约翰逊打着反对“单纯摹仿”① 的旗号，主张“本质的摹仿”，雷诺兹则主张去剔除事物的偶然性因素去反映出“类”的本质特征，这样，某一种物类也就只有一种“类”的本质特征才是艺术能去加以表现的。这种理论的恶劣影响是相当深远的。它们在历史上的作用就是割断文艺与生活的联系，使丰富多彩的生活和艺术隔着一层，两层甚至是三层。实际上就艺术的范围而言，应当承认列宁所说的“现象比规律更丰富”②，艺术永远不应当抛弃现象而专谈本质。如果艺术真的可以抛开现象世界而表现本质，那么最好的作品必须从抽象主义者那里去寻找。就像抽象主义的创始人之一马勒维奇（Casimir Malevitch）所说的那样：“现实世界的事物与物质好像和艺术的自然云烟一样地消失掉了。”“本质摹仿”论实际是一种在现实主义外衣掩盖下的抽象主义。虽然柏拉图对后人对他理论的那种发展和歪曲是不能负责的，但我们必须指出这种“本质论”并不是什么新发明。

也许，柏拉图对自己的《理想国》究竟能否实现也是有怀疑的。他在第九卷的结束语已表示了这一点。但他认为不管是否有这样的城邦的模式，凡盼望有这个理想国的人就可以此为理想去约束自己。

---

① 阿诺·理德（L. Arnaud Reid）曾指出：“完全等同的模仿在任何情况下都是不存在的。完全等同地摹仿一棵树，那就等于要产生出另一棵和第一棵完全等同的木质的、有树液的和有树叶的真正的树。……甚至一些拙劣的临摹也往往会显示出画家并不是毫无差别地对一切细节都感兴趣。”见阿诺·理德：《美学研究》，伦敦，1931 年，第 178 页。

② 列宁：《哲学笔记》，中译本，1974 年版，第 160 页。

“至于其他种种，皆可不必过问。”① 如此而已。但是，《理想国》中的美学思想，却并不以这个乌托邦的蓝图而失去它的意义。正如沃莱所指出的那样：“它像古代留下来的矿井那样，不可能被彻底地开垦完毕。”

（原载《外国哲学史研究集刊》，第4集，1981年）

① 柏拉图：《理想国》592，转引自乔义特：《柏拉图对话集》，第3卷，第306页。

“悲”：音乐审美范畴的中西比较

在传统的西方美学中，“美”曾经是一个至高无上的价值概念，不仅审美经验被看作是由它所派生的，而且它也是评价艺术的一个“一元论”的价值概念。但这种情况在当代西方已发生了根本性变化。一些人认为，作为一个价值概念，“美”甚至还远不如“好”具有广泛的适应性。例如，我们通常并不说《战争与和平》是美的，也不会说毕加索的《格尔尼卡》是美的。“艺术价值”要大于“审美价值”，“审美价值”又大于“美的价值”，这样，“美的价值”充其量只是“艺术价值”或“审美价值”的一种。

而与这种“美的价值”被贬值的同时，“美”的本质的讨论实际上也已被搁置。一些美学家认为主观论和客观论的分歧只不过是术语学上的分歧。客观论者用“美”去表明审美愉快的原因时，主观论则用它去形容一种审美愉快的主观效果。事实上就当代倾向而论，西方美学家已极少谈论美的本质问题。

但有趣的是，正当“美”的本质问题被搁置之时，另一个同样性质的问题却在争论不休，那就是有关音乐中“悲”的讨论：音乐何以是悲哀的，这种“悲哀”究竟为音乐本身所固有，还是听众的一种主观情感的投射，还是主客体双方一种互补效应的结果？几乎和美的本质的讨论完全相同。

西方关于音乐中的“悲哀”的讨论可以说是历史悠久。柏拉图在《理想国》中就提出过这一问题。苏格拉底问：“哪些乐调是表现悲哀的呢？你懂音乐，请告诉我。”① 亚里士多德在谈到悲剧的净化

① 朱光潜：《柏拉图文艺对话集》，中译本，1980年版，第57页。

作用时，紧接着就谈到了具有悦耳语言的音乐问题。① 当代实验美学家 C. W. 瓦伦丁（C. W. Volentine）在其著作中也曾专门研究过音乐中何以会表现"悲哀"的问题。②

在中国古代乐论中，"悲"也是一个极重要的美学范畴，其出现的时间之早，甚至可以追溯到史前神话时代。王充《论衡·书虚篇》，"唐虞时，夔为大夫，性知音乐，调声悲善。当时人曰：'调乐如夔，一足矣。'世俗传言，夔一足。"王充意在为夔只有一只脚的传说辩诬，而所述内容则于古代乐论至关重要。它说明，远在上古时代，著名乐师夔在音乐造诣上的主要成就即是"悲善"。这种"悲善"的音乐备受推崇，以至于他的同时代人说，像夔这样把音乐调弄得这么好，只需他一人，就足以满足人们对音乐的需求了。

后世的音乐创作及理论虽长期为儒家的礼所规范，强调教化，强调伦理功能，然而"悲"的审美价值仍然得到社会的充分肯定和接受。即使是被视为儒家经典的《乐记》，其《乐本篇》在论及音乐乃物动心感时，以哀、乐、喜、怒、敬、爱为序，将"其哀心感者，其声噍以杀"置于六者之首，突出了"哀"在音乐中的重要地位。

在古代乐论中，"悲"作为一个重要的美学概念，其出现次数之频繁，往往远胜于"美"。例如：

音响一何悲！③

发声清哀，远动梁尘。受学者莫能及也。④

赋其声音，则以悲哀为主。⑤

音韵窈窕，极于哀思。⑥

---

① 亚里士多德：《诗学》，中译本，1962 年版，第 19 页。

② C.W. 瓦伦丁：《美的实验心理学》，伦敦，1962 年版，第 10 章 ~ 第 12 章。

③ 《古诗十九首·西北有高楼》。

④ 刘向：《别录》。

⑤ 嵇康：《琴赋》。

⑥ 《隋书卷十四·志第九·音乐中》。

诸如此类，举不胜举。

然而，作为音乐美学中一种重要价值概念的“悲”，并非仅仅指情感意义上的悲哀之悲，而是指一种特殊的审美经验。它既包含了音乐悲怆动人的悲，也包含为悲怆所动的同时所感受到的一种审美愉悦。正如爱杜阿德·汉斯立克（Eduard Hanslick）所说：如果悲哀的音乐“都有使我们悲伤的力量——那谁还想活下去呢？……即使它把整个世纪所有痛苦作为它的题材，我们也还是感到内心的愉快”。① 汉斯立克认为这种悲伤是音乐所唤起的一种特殊的审美愉快。

这种对音乐中“悲”的内涵的界定，在中国古代乐论中也屡见不鲜。如：“悲不共声，皆快于耳”。② “高谈娱心，哀筝顺耳”。③ “故知音者乐而悲之，不知音者怪而罪之”。④

悲曲却能快于耳；哀筝却能顺于耳；悲则悲矣，却道是“乐而悲之”，真是道尽个中奥妙。在古代乐论中我们还能看到，阮籍竭力反对“以悲为乐”，斥之为“此乐非乐也”，他为此曾列举了历史上的真人真事：“当王居臣之时，奏新乐于庙中，闻之者皆为之悲咽。桓帝闻楚琴，凄怆伤心，倚房而悲，慷慨长息曰：善哉乎，为琴若此，一己而足矣！顺帝上恭陵，过樊衢，闻鸟鸣而悲，泣下横流，曰善者鸟声。使左右吟之，曰，使丝声若此，岂不乐哉！”其结语云：“夫是谓以悲为乐者也。”⑤ 他虽反对上述“以悲为乐”的种种作为，但这些记述无意中都反证了“以悲为乐”在音乐史上源远流长。可见，“悲”作为音乐美学的一个特殊范畴，中西古今存在着惊人的一致。

在当代西方，美学家们备加关注的则是：音乐何以是悲哀的？对此进行了广泛的探讨，概括起来，不外这样三种意见。

---

① 爱杜阿德·汉斯立克：《论音乐中的美》，中译本，1979 年版，第 86 ~ 87 页。

② 王充：《论衡·自纪篇》。

③ 《三国志·魏志·王卫二刘傅传》。

④ 王褒：《洞萧赋》。

⑤ 阮籍：《乐记》。

第一种意见认为悲哀是音乐本身的一种固有特质，人们所以感到某首乐曲是悲哀的，就因为音乐本身是悲哀的。音乐本身的悲哀是“因”，它使我们感到悲哀是“果”。“因”决定“果”。

第二种意见认为艺术作品是无生命物体，因此它本身不可能具有情感特质。音乐本身只是声音，声音本身无所谓悲哀不悲哀。一首乐曲之所以会使人感到悲哀，根本原因在于主体而不在于客体。

第三种意见认为，音乐中的悲哀是主客观的一种互补效应，离开了任何一方，音乐就不可能是悲哀的。

第一种意见以哈罗德·奥斯本（Harold Osborne）为代表。他认为悲哀的音乐之所以会使人听了感到悲哀，就因为它本身是悲哀的。虽然经验是主观的，但正是在经验中我们才能感受到“存在于音乐中的”悲哀，这种认知并非由推论而来，而是一种直接经验的结果。① 我们能直觉地感受到这种悲哀的情感，犹如感受到的是我们自己的一种悲哀，而并不把它推断为他人的一种情感。“我们能感受到这些表现特质就‘存在’于被注意的对象上，我们所经验到的‘悲哀’就‘存在于’我们经验着的音乐之中。正如 O. K. 鲍斯麦（O. K. Bouwsma）说过的那样，悲哀之于音乐，犹如红色之于苹果”。②

相同的意见认为悲哀是音乐本身所具有的一种特质，例如音调低沉的音乐或小音阶音调总会表现出一种悲哀的情调，悲哀的音乐总是和悲哀的声音同质的。安妮·谢泼德（Anne Sheppard）认为，音乐中的小音阶音调（minor keys）总能表现出一种哀怨的情调。③ 而按照鲁道夫·阿恩海姆（Rodolf Arnhein）的看法，在绘画中也同样如此，如果我们在一幅绘画作品人物形象的表情中体验到一种悲哀，那

① 哈罗德·奥斯本：《艺术中的表现性》，载《美学与艺术批评杂志》，1982 年春季号。

② 哈罗德·奥斯本：《表现性：哪里是情感的基础》，载《英国美学杂志》，1983 年春季号。

③ 安妮·谢泼德：《美学——对艺术哲学的一个介绍》，牛津，纽约，1987 年版，第 29 页。

么这种悲哀就可以被看作是画像本身所具有的。①

第二种意见以罗伯特·L. 齐默尔曼（Robert L. Zimmerman）和汉斯立克为代表。齐默尔曼批判了表现论者对音乐的解释，理由集中在一点上：表现论者认为情感表现可以体现于无生命物质，这种看法是荒谬的。艺术家的情感不可能像把一块冻牛肉从一个容器中取出又放到另一个容器中去那样把它置入艺术作品，总之，意识形态的东西不可能真正存在于音乐乐曲之中。“假如两种结构所具有的共同形式是同构的（isomorphic），那么其中一种形式可以说是另一种的符号；而如果两种结构具有完全不同的形式，并且不是同构的，那么其中一种形式就不能成为另一种形式的符号。”②

什么是音乐？在第二种意见看来，一首音乐作品是由作曲家加以选择和组织起来的一系列声音，作曲家把音符写在纸上，由演奏家来演奏，这就是音乐的全部。因此，音乐本身无所谓悲哀不悲哀，音乐不可能像一个有感觉能力的生物那样是悲哀的，它也不能像一幅画或一个悲哀的故事那样使我们悲哀。那么听起来是悲哀的音乐本身究竟是由什么构成的呢？是声音。有什么充分理由去解释为什么一种声音会是悲哀的呢？没有充分的理由。因为悲哀的音乐本身无所谓悲哀不悲哀。音乐不像叙事文学那样会告诉我们是谁在蒙受悲哀，它本身不能使听众一定感到悲哀，如果仅仅是悲哀的音乐本身并不能使人悲哀，那么不能对这种悲哀作出任何因果的解释也就不足为奇了。

科林·雷福德（Colin Radford）批判了那种认为音乐本身是悲哀的看法。认识论者认为，音乐由于表现了作曲家的悲哀，因此人们才能在音乐中听到这种悲哀。雷福德认为这种说法是完全靠不住的。如果作曲家真的在作曲时感到悲哀，他们也许就只能沉溺在这种悲哀之中，而实际情况常常是，作曲家由于写下了一首伟大又悲哀的音乐，

---

① 鲁道夫·阿恩海姆：《艺术心理学新论》，加利福尼亚大学，1986 年版，第 331 页。

② 罗伯特·L. 齐默尔曼：《是否任何对象都是审美对象》，载《美学与艺术批评杂志》，1966 年冬季号。

他们由于意识到这一点而感到欣喜万分。①

由此可见，音乐本身是否是悲哀的，实际上构成音乐本体论问题的争论焦点之一。

汉斯立克则早就主张：“音乐不可能表现情感，我们更反对下列意见，即认为情感的表现能提供音乐的美学原则”。他认为音乐可以引起高度的快乐和悲伤，但中了头奖或知道朋友病入膏肓也同样会激起更强烈的快乐和悲伤。因此，“不要在乐曲中找寻某些内心经历或外界事件的描写，……因为音乐没有传达思想信念的能力”。“从根本说，一篇乐曲与它所引起的情感波动之间并不存在一种绝对的因果关系”。像齐默尔曼一样，汉斯立克也认为情感并不是孤立地存在于心灵中，“好象可以用一种艺术把它从心灵里提取出来”。② 总之，表现情感完全不是音乐的职能。

这样一来，难点变得比较清晰了，全部问题在于究竟怎样把本身不可能具有情感特质的音乐和我们能在音乐中感受到一种情感特质这两种对立的看法统一起来。一些新的情感主义者也承认这是问题的关键所在。

斯坦利·斯佩克（Stanley Speck）认为：“最初，这种情感被天真地归因于对象，而情感的习惯则被归因于人。我们说音乐是‘悲哀的’或‘愉快的’，但同时我们清楚地知道，情感的适当领域是人的内心世界，任何一种‘外在的情感’都是不可思议的，因此，这种两难推理必须被取消”。③

从前面两种对立的意见中我们的确看到一种两难的现象需要得到解释。一方面，音乐作为一种无生命的艺术客体，很难设想它本身会具有情感特质，因此不能说音乐本身是悲哀的；另一方面，我们在鉴

① 科林·雷德福：《情感和音乐：对认识论者的答复》，载《美学与艺术批评杂志》，1989年冬季号。

② 爱杜阿德·汉斯立克：《论音乐的美》，中译本，1978年版，第30、9、49、8、15页。

③ 斯坦利·斯佩克：《“情感激发论”的重建》，载《英国美学杂志》，1988年冬季号。

赏某些乐曲时的确会感觉到这种悲哀是乐曲所引发的，如果听另一些乐曲也就不会感到悲哀。正是为了解决这种两难推理，许多美学家倾向于第三种意见，即认为既非音乐本身是悲哀的，亦非悲哀是鉴赏者主观情感的一种投射，而是主客体互补效应的一种结果。那么当我们说J. 西贝留斯（J. Sibelius）的《悲伤圆舞曲》中有一种悲哀的审美特质时，这种说法究竟是什么意思呢？

迈克尔H. 米蒂阿斯（Michael H. Miteas）认为，虽然从本体论意义上说，审美物质并非真正存在于艺术作品之中，但它仍从属于作品。他把审美特质的所在地称之为“审美情景”，它有两个基本要素：艺术作品的形式结构和感受者的主观意识。“精确地说，是在审美经验的过程中，感受者和艺术作品的合二而一”。① 正是在审美情景中，审美对象在审美经验中获得了它的生命力。“悲哀”作为一种特殊的审美特质就作品本身而言只是一种潜能：“（悲哀的）审美特质并非审美知觉在完成时的现实化，而是作为潜在的可能性而被现实化的，现实化是在审美经验中发生的。”②

他认为音乐中“情感”一词的含义还有其自身的特殊性，它不同于我们通常所说的“我感到心中存在着一种悲哀情感”这类语句中所说的情感。为什么呢？“因为悲哀的审美特质不可能作为一种现成事物存在于音乐之中，或作为最后形成的情感存在于音乐之中，而只能作为在审美经验中存在的一种情感的现实化的可能性而存在的”。③ 总之，在他看来，悲哀之类的情感特质在音乐中只能作为有待于鉴赏主体加以现实化的潜能而存在，只有在审美经验中这种潜能才和一种悲哀情感的现实化获得其同一性。音乐中一种悲哀的情感特质和红色不同，它并不是种可验证的特质。所以，“我认为它是一种

① 迈克尔·H. 米蒂阿斯编：《审美经验的可能性》，多德雷赫特，波士顿，兰开斯特，1986年版，第164页。

② 迈克尔·H. 米蒂阿斯编：《审美经验的可能性》，多德雷赫特，波士顿，兰开斯特，1986年版，第160页。

③ 迈克尔·H. 米蒂阿斯编：《审美经验的可能性》，多德雷赫特，波士顿，兰开斯特，1986年版，第163页。

完成，所谓‘完成’就因为这种特质的呈现，其现实性的实现是作为物质载体的一件艺术作品和鉴赏主体的知觉相协调的一种结果。审美知觉并不仅仅是种感觉的能动性，它本质上是种想象力的创造活动”。①

在持这类意见的人看来，说一首乐曲是悲哀的，既不是指音乐本身单方面具有这种情感效果，也不是指鉴赏者纯主观的情感投入，而是指音乐语汇与人类情感有某种奇妙的契合作用。这种看法在纳尔逊·古德曼（Nelson Goodman）的符号理论中得到了充分的说明。他认为，在严格意义上只有具有感觉能力的人才会有悲哀，一件艺术作品，如一首乐曲或一幅绘画都是无感觉能力的物体，因此不能说它们本身是悲哀的。但从隐喻的意义上一幅色彩灰暗的绘画可以说是悲哀的，这种悲哀是用符号化手段体现出来的。“在隐喻意义上的悲哀并非真正的悲哀，它是用符号的扩展所转换成的一种悲哀。”②

罗杰·斯克拉顿（Roger Scruton）一方面把悲哀的音乐和悲哀的声音看作是同质的，另一方面，他又认为音乐中这种悲哀是很难分析的。但大体上可以说，一个人听到某首乐曲之所以会经验到悲哀，是因为这种悲哀在某种相应方式中受到音乐的触发所引起的反应。“在音乐中听到的悲哀经验在某种不可复原的方式中相似于声音中能听到悲哀的经验。”③ 这种说法实际上是种循环论证：悲哀的音乐存在于悲哀的声音之中；悲哀的声音触发了悲哀的经验；悲哀的经验又使一首乐曲成为悲哀的音乐。也许是由于人类思维规律有极大的共同性，我们见到在中国古代乐论中，对“悲”的缘由也进行了种种思考。

按照传统的看法，音乐乃由人心而生，《乐记》中反复讲到了“凡音之起，由人心生也”。“凡音者，生人心者也。情动于中，故形

---

① 迈克尔·H. 米蒂阿斯编：《审美经验的可能性》，多德雷赫特，波士顿，兰开斯特，1986年版，第164页。

② 纳尔逊·古德曼：《艺术语言》，纽约，1968年版，第50、85页；中译本，第63、91～92页。

③ 罗杰·斯克拉顿：《艺术与想象》，伦敦，1974年版，第72、127、119页。

于声；声成文，谓之音。”（《乐记·乐本篇》）“悲”在音乐中出现被认为由“悲心”所致。据刘向《说苑·修文》记载：“孔子曰：……钟鼓之声，怒而击之则武，忧而击之则悲，喜而击之则乐。其志变，其声亦变；其志诚，通乎金石。”在孔子看来，人的情感色彩决定了声音的情感色彩，两者有种对应关系，人的悲喜出自至诚，就能与钟鼓金石相通，后者包含并充分体现了前者。弟子闵子骞三年之丧服毕，授琴而弹，声调哀切，孔子听了说：“弦则是也，其声非也。”同一琴弦，因弹奏者有丧亲之痛而大异其趣。刘安显然赞成这种观点，因而将其引入《淮南子·缪称训》中，以为“心哀而歌不乐，心乐而哭不哀”的论述为其佐证。

《淮南子·泰族训》又说：“今取怨思之声，施之于弦管，闻其音者，不淫则悲。……赵王迁流于房陵，思故乡作为山水之讴，闻者莫不殒涕。”其中肯定“怨思”就存在于声音之中，且能将其植入弦管之中，从而使人感到悲哀之情。这也就是“动诸琴瑟，形诸音声，而能使人为之哀乐”。（《淮南子·主术训》）

在有的古籍记载中，则更明确强调了“悲”即存在于声音本身。如：“应候曰：‘今日之琴，一何悲也？’贾于子曰：‘夫张急调下，故使之悲耳。’”（《说苑·尊贤》）“（使者曰）‘大王鼓瑟，未尝若今日之悲也’。王曰：‘调’。”（韩婴：《韩诗外传》）所谓“调”，都是指对琴瑟作物理属性上的调整，而导致音乐上“悲”的效果。

上述的这种说法和当代西方美学家的第一种说法很相似，即认为悲哀的音乐是由悲哀的声音所致；而悲哀的声音又由悲哀的情感所致。因此悲哀的音乐从根本上说是一种悲哀情感的表现。同样，我们也可以把一种悲哀的声音还原为一种悲哀的情感。总之，是情感的特质支配了声音的特质，使声音本身也具有某种情感特质。

这种传统的乐论曾被推崇备至，趋于极端，以至于认为国家的治乱盛衰可以直接由音乐来体现。所谓“治世之音安以乐，亡国之音哀以思”就是如此。进而，把音乐完全当作教化的一种工具，所谓“移风易俗，莫善于乐”。这就必然导致忽视音乐的自律性，妨碍音乐的正常发展。

针对这种传统乐论的弊病，嵇康在《声无哀乐论》中力排前议，主张声音力出自天地自然，其自身既无所谓哀，也无所谓乐。犹如“玉帛非礼敬之实，歌舞非悲哀之主也”，随着风俗习惯的不同，歌哭会错而用之：“或闻哭而欢，或听歌而戚。”同样的哀乐之情，声音则可以完全不同，可见声音并无固定意义。他历陈音乐的创作和鉴赏过程：“夫内有悲痛之心，则激哀切之言，言比成诗，声比成音。杂而咏之，聚而听之，心动于和声，情感于苦言，嗟叹未绝，而泣涕流涟矣。”认为深藏于内心的悲哀遇到和声而得以表露。悲哀之情存在于人之内心，是谓“悲心有主”；藉以表现的声音则捉摸不定，是谓“和声无象”。人们鉴赏音乐时，只感觉到悲哀之情，却不知“吹万不同，而使其自己”。万种不同的声音只是出乎自然罢了，究其声音本身，固无所谓悲哀不悲哀。他提出“音声有自然之和，而无系于人情”；“心之与声，明为两物”。把感情存在的主观性和音乐声音的客观性截然分开。从音乐理论发展史的角度看，嵇康为音乐的自律性迈出了最关键而最艰难的一步。

尤为值得注意的是，嵇康认为同样的音乐可以引起完全不同的反应，这一点与当代西方实验美学家的结论不谋而合。嵇康说：“夫会宾盈堂，酒酣奏琴，或忻然而欢，或惨尒而泣……声之与心，殊涂异轨，不相经纬。”而实验美学家 C. W. 瓦伦丁也认为：在音乐中很难确定哪一种音阶是悲哀的，实际上是不大可能的。他不同意单个的小音阶（minor）能看作为“悲哀”的同义词这种看法，“在小音阶音调中不存在固有的悲哀，事实上，在某些文明国家中，大音阶音调（the majorkey）也被频繁地用于悲哀的乐曲，而小音阶则反而被用于愉快甚至是欢乐的乐曲。……况且，某些原始民族所演奏的小音阶音调的音乐，在我们听起来是悲哀的甚至如同挽歌，但对他们却正好相反”。① 这说明文化的差异对声音的解释可以完全不同。因此，从实验美学的角度来看，嵇康的结论基本上是正确的。

嵇康的这种看法与前面提到的齐默尔曼的看法也遥相呼应。嵇康

---

① C. W. 瓦伦丁：《美的实验心理学》，伦敦，1962 年版，第 213 页。

对“声音自当有哀乐”的反驳，对音乐本质的认识具有特殊的意义，因为只有充分认识到音乐的声音本身是无哀乐可言的，鉴赏主体的作用才会被充分认识。就这点而论，《乐论》把“声”、“音”、“乐”分成三个不同层次，认为“声”是一般动物都能感觉到的；“音”是一般人都能感觉到的；而“乐”则只有在音乐上有所训练的人才能感觉到：“是故知声而不知音者，禽兽是也。知音而不知乐者，众庶是也。惟君子为能知乐。”（《乐记·乐本篇》）

在中国古代乐论中还可以看到第三种见解，类似于当代西方的主客观互补论。这种见解并未形成系统的理论，而是以故事的形式在古籍中保留了下来。据《说苑·善说》记载，孟尝君问携琴来见的雍门子周：“先生鼓琴，亦能令文悲乎？”雍门子周回答说不能，只有那些先富贵后贫贱，怀才不遇，亲人生离，少失双亲的人，生活已了无乐趣，连飞鸟疾风的声音都听不得，这种时刻，“臣一为之徽胶援琴，而长叹息，则流涕沾衿矣”。像孟尝君这样大富大贵，有权有势的人，生活中乐趣无穷，即使琴弹得再好，也不能使之悲。但雍门子周假设：孟尝君困秦伐楚日后必遭报复。孟尝君听后深有感触，“涕承睫而未殒。雍门子周引琴而鼓之，徐动宫徵，徵挥羽角，切终而成曲。孟尝君涕浪汗增，欷而就之曰：‘先生之鼓琴，今文立若破国亡邑之人也！’”。

这则故事说明，作为客体的音乐并不能无条件地感动鉴赏主体，快乐的人不会被音乐感动得下泪，只有当鉴赏主体内心有某种悲楚，音乐才具有使鉴赏者共鸣的魔力，悲哀之情才会借音乐得到宣泄。这种看法在扬雄的《法言·琴清英》中也同样可以见到。总之，主体自身的情感因素在音乐的鉴赏中起着关键的作用，因此，“徒弦，则不能悲。故弦，悲之具也，而非所以为悲也”。（《淮南鸿烈·齐俗训》）音乐中的“悲”是客观的声音和主观的情感的一种互补效应。离开了任何一方，“悲”都不可能出现。

K. 赫汶娜（K. Hevner）曾经把悲哀的音乐和愉快的音乐在速度（Tempo）和音高（Pitch）这两方面进行了对比，她实验的初步结果是这样的：

要素：	悲哀	愉快
速度：	慢 12	快 20
音高：	低 19	高 6

也就是说，至少在西方文化传统中，悲哀的音乐总是速度缓慢，声调低沉；反之愉快的音乐总是速度较快，声调较高。那么这种声音的特质与音乐情感的效果是否固定不变的呢？赫汶娜否定了这种看法。她说："我们完全知道这些发现和出现在音乐文献中的事实有许多矛盾。……人们可以找到用大音阶来写成的悲哀的音乐，以及用低音区（low register）来写成的愉快的音乐。而一件音乐的艺术作品是一个许多相互作用的因素所构成的复合体，其中任何一种效果都不能在作为一种整体的混合音调效果中保持其个性。"①

从上述的讨论中，我们可以看到，音乐中"悲"的讨论和传统美学中"美"的讨论完全处于同种性质的地位。只要对音乐何以会"悲"有一个正确的结论，那么这个结论同样也适合于美的本质问题。过去对美的本质的讨论中，人们常援引马克思所说"只有音乐才唤醒人的音乐感觉，对于不懂音乐的耳朵，最美的音乐也没有意义"来论证美的主客观关系问题，就足以说明这两个问题完全处于同格的地位。

音乐中关于"悲"的讨论，有力地向我们证明，远非只有"美"字存在的地方才是美学，解释学对文学作品中"意义"从何而来的讨论，音乐中"悲"从何而来的讨论，和"美"的问题一样，不过是同种性质论题的转换而已。在人类思想史上，人们对这类形而上学问题的兴趣是不会完全消失的，在不同时期，不同地域，它可以以不同形式表现出来。罗素曾经假设各派哲学家将会怎样去争论一块牛肉的味道究竟是主观的还是客观的问题②，就是一例。

---

① 转引自 C. W. 瓦伦丁：《美的实验心理学》，第 249 页。

② 参见伯特兰·罗素：《我的哲学的发展》，中译本，第 141～142 页。

那么我们从音乐何以会“悲”的讨论中能得出什么合理的结论呢？那就是“悲”既离不开客体，也离不开主体，总的来说，它离不开“S-O-R”这个最基本的心理学公式，即S是刺激物，O是鉴赏主体，R是审美效果。离开了S或O中的任何一方，R就不可能存在。在这点上，《楞严经》所提出的看法也有启发作用：“譬如琴瑟琵琶，虽有妙音若无妙指，终不能发。”① 在片面强调声音本身有哀乐的情况下，提出主体的作用是有积极意义的。假如“S-O-R”的公式能解释音乐何以会“悲”的问题，它就一定也能解释“美”的问题。

（原载《学术月刊》，1993年第5期）

① 苏轼《琴诗》：“若言琴上有琴声，放在匣中何不鸣，若言声在指头上，何不于君指上听。”明显脱胎于《楞严经》这段话，把答案重新变成了问题。

十种派别的神话理论

神话学（mythology）一词源于古希腊 mythos 和 logus 两词的复合，mythos 意指一个想象出来的故事，logus 意为记述，实际上就是指对神话的研究。所以单从这个词上就可以看出它是一门独立的学科。神话是指文字尚未产生出来的时候，由后人所记述的史前人或原始人中长期流传的传奇故事，它并非个人的创造，而是一个民族在世世代代长期口头流传过程中逐步加工而成的，由于神话常常在古代的仪式上被吟唱，故吟唱艺人的作用也不可低估，吟唱艺人的加工也就是专业人员的加工。

神话学之所以能发展为一门独立的学科，原因并非是发现了愈来愈多的新神话，而在于对原来古代神话的解释所存在的分歧愈来愈大。现代的一些神话研究者在对待古代神话的性质、范围、意义上都存在根本性的分歧。有些人把神话看作是一种琐碎的迷信故事，认为它是人类的智力和精神处于不发达状态下的产物，神话是一种未成熟的想像力和幼稚而任意的幻想的产物。与这种观点相对立的是，另一些学者相信古代神话再现了人类精神最深刻的成就，神话受到一种人类天赋创造力的鼓舞，它是远古时代未经破坏的人类心灵的表现，是一种未被当今流行的科学方法或心理分析的方法所感染的创造力的表现。因此，神话具有一种开放的、具有深刻宇宙论倾向的洞察力，这种洞察力在那些麻木了的、没有灵魂观念的、习惯于用逻辑思考去审视一切的现代人的思想中已被湮没。①

---

① 塞缪尔·诺厄·克雷默尔（Samuel Noah Kramer）编：《古代世界的神话学》，纽约，1961 年版，第 7 页。因学者们对希腊神话中的译名并不统一，为避免混乱起见，本书希腊神话中神的译名一律参照《神话辞典》，商务印书馆，1985 年版。

对神话的这种分歧意见不是一朝一夕可以解决的，因此有必要对各种派别的神话理论作出扼要的概括，以求得对这些理论所产生的背景有一个大致的了解。在某种意义上，对神话的理解首先要取决于对某种神话理论的理解。B. 马林诺夫斯基（B. Malinowski）曾说过："野蛮人看待神话如同虔诚的基督徒看待创世纪。"然而我们已根本不可能用这种眼光去看待这种人类最古老的文化现象，事实上，每个人在看待一个具体的神话时，总会有一种潜在的倾向才能去体验隐藏在神话中的意义，因此，神话的理论对理解神话是必不可少的。

一、神话是古人的一种诗性智慧

G. 维柯（G. Vico）是意大利法学家、历史学家和语言学家。他在《新科学》中，曾经提到他自己花了足足二十年去研究人类思维是怎样起源的。为此，他曾不得不"从我们现代文明人的经过精练的自然本性下降到远古那些野蛮人的粗野本性，这种野蛮人的本性是我们简直无法想象的，而且只有费大力才可以懂得"。① 他认为神话是早期人类的诗性历史。在《新科学》的第三卷《发现真正的荷马》中，他根据《伊利亚特》和《奥德赛》这两部史诗本身的一些语言学特征，认为这两部史诗并非出自一人之手，前者要比后者早800年。因此，两部史诗的真正作者不可能是一个人，很可能是当时的说书人（rhapsodes），rhapsodes一词的字源由两个词合成，意思是把一些歌编织在一起，而这些歌是从他们本族人民中搜集来的，说书人周游希腊各城市，歌唱荷马史诗，一个人唱这一段，另一个人唱另一段。正如贺拉斯（Horatius）在《诗艺》中所说，我们必须假设荷马的两部史诗是由先后不同的两个时代中两种不同的诗人创造出来和编在一起的。

维柯认为，希腊神话经历了三个时期：这些神话故事起初原是真

① 维柯：《新科学》，中译本，上册，1989年版，第159页。参见朱光潜：《西方美学史》，1979年版，第11章维权部分。

实的历史，后来就逐渐遭到修改和歪曲，最后才以歪曲的形式传到荷马手里。因此，荷马应该摆在英雄诗人的第三个时期。第一个时期是神学诗人的时代，他们创造出作为真实叙述的一些神话，“真实的叙述”是希腊人自己对神话（mythos）一词所下的定义。在希腊文里，寓言故事也叫做mythos，即神话故事。从这个词派生出拉丁文的mutus，mute（缄默或哑口无言），因为语言在最初产生的时候，原是哑口无声的，它原是在心中默想或用作符号的语言，例如用三茎麦穗表示三年。在发现神而感到恐惧时，人才开了口。起初的字音都是谐声的、惊叹的、单音的。这就是象形的语言，或“神的语言”。第二时期是英雄诗人的时代，这些神话故事遭到英雄诗人的修改和歪曲，“因为宗教对希腊人很重要，希腊人害怕惹得天神们反对自己的愿望以及自己的习俗，于是把这些习俗说成本是来自天神，对寓言故事加了一些不正当的丑恶和邪淫的解释”①。英雄时代的语言是一种由显喻、意象和譬喻来组成的语言，这些成分的产生是由于当时还缺乏对事物加以明确界定所必需的种和类的概念，所以还是全民族的共同性的一种必然结果。第三时期就是荷马接受到经过修改和歪曲的神话故事的时期。正如亚里士多德在《诗学》中所说：“把谎话说得圆主要是荷马教给其他诗人的。”

既然荷马已经把希腊神话变成了“谎言”，那么，它对我们来说，还有什么研究价值呢？

对此，维柯提出：我们应该把秩序颠倒过来，删去那些神秘的解释，把神话故事还原到它们本来的历史意义。“我们能这样做，就说明了那些作品里所包含的历史神话故事是符合当时历史特性的。”②而维柯就是这样做的。他尽量在每个主要的神话故事中，寻找出它的原型。换言之，他想在第三时期的神话中，寻找出它第一时期的原来面貌。

他认为，所有民族的历史都有着神话的起源，在希腊，最初的哲

---

① 维柯：《新科学》，中译本，上册，1989年版，第123页。

② 维柯：《新科学》，中译本，下册，1989年版，第463~464页。

人都是神学诗人，任何产生或制造出来的事物都显露出起源时的那种粗糙情况。最初神学诗人所创造的神话故事就是天帝朱庇特（Jupiten）、地神库柏勒（Cybele）和海神涅普顿（Nepture），而且开始只是哑口无言地指着他们，把他们解释为天、地和海的实体，想象这些实体都是些有生命的神。天帝能爆发雷电，在雷电的轰鸣中，又产生了诗神缪斯（Muses），就如同维吉尔所说的那样："女诗神缪斯起源于天帝朱庇特。"她的最初的特征和占卜有关，是借助于天神所发出的预兆来进行占卜的。

最初的雷霆惊醒人们的惊奇感时，天帝朱庇特的惊叹声引起了由人声发出的惊叹声"拍"（pa！爸）；而这个声音接着又重复成为papa（爸爸）！人和神的父亲就从这种惊叹声中派生了出来。不久，凡是天神都叫做父亲；而女神也都叫做母亲。不过，天神之所以被称之为父亲，还有另一种原因，那就是父亲（patrare）一词的原义是"制作"或"工作"，这是天神的特权。从工作（opere）一词又派生出动词impetrare，仿佛就是代表impatrate，占卜术就是用interpatratio（解释），即解释占卜中天神的谕旨。在波斯人看来，天空也就是天帝，因为波斯人认为天空就是藏起来不让人知道的东西。懂得这类向人隐藏的学问的人就叫做占卜家或巫师。这种信仰天神意旨的宗教就是人类社会的第一个起源。

维柯说："新科学的原则就是（一）天神意旨，（二）婚姻制和它所带来的情欲的节制，（三）埋葬和有关的人类灵魂不朽观念。"①

现在就来说说第二个原则。在森林里游荡的巨人们由于惧怕天神的雷霆，于是学会了控制自己野兽般的情欲，这样，精神方面的德行也开始在人类中间表现出来了。情况发生了这样的变化：每个男人就要把一个女人拖到他的岩洞里，让她留在那里和他结成终生伴侣。婚礼意味着第二原则的建立。它是一种贞洁的肉体的结合，是在对某个神的畏惧下来完成的。婚礼要求妇人戴起面纱，表示世界上最初的婚姻所产生的那种羞耻感。在野蛮时期，少女们是不遮盖头发的处女，

---

① 维柯：《新科学》，中译本，上册，1989年版，第167页。

以别于戴面纱行走的结过婚的妇女。英雄时代的维纳斯（Venus）在婚礼中作为女护神，用腰带遮盖住阴部，后来诗人们在这腰带上绣出各种各样煽动淫欲的花纹，到了这时候，天神征兆的严峻的历史已遭到腐败，人们相信维纳斯和凡人通奸，正如天帝也和凡间妇女通奸一样。但是，自然婚姻是虚幻的：林神潘（Pan）试图追求水泽神女绪任克斯（Syrinx），结果却发现自己拥抱的是一棵芦苇；同样，伊克西翁（Ixion）想拥抱天后赫拉（Hera），结果发现抱在怀里的只是一片云。这里芦苇指自然婚姻的轻佻，云则意指自然婚姻的空虚。据寓言故事说，那片云就产生出半人半马的马人（Centauri），指的就是自然婚姻所产生的杂种怪物，因为人们实行的是野兽般的交媾。混沌（chaos）就代表着男女杂交情况下所产生的混乱。罗马的死神俄耳库斯（Orcus）是吞噬一切事物的丑陋怪物，因为人类在可耻的杂交情况下，就没有人所特有的形状，也认不出谁是他们的父母，因此只好都被混沌或俄耳库斯吞下。而婚姻制度的建立，就构成了人类社会的第二个起源。

最后就是第三个原则：埋葬。要认识到埋葬是多么重大的一个人类原则，最早人的尸首留在觌面上不埋葬，让乌鸦和狼狗去吞食。所以古人把埋葬称之为“人类的契约”。许多民族都相信没有埋葬的死人的灵魂在地面上彷徨不安，围着尸体荡来荡去。后来定居在高山上的巨人们开始感觉到尸体发出的臭气，于是开始埋葬死尸。拉丁人把这种埋葬场所叫做宗教的场所。与此同时，关于灵魂不朽的观念也同时产生了。这就是人类社会的第三个起源。巨人们凭他们埋葬死人的坟墓来表示他们对土地的管领，他们声称：“我们是这块土地的子孙。”“巨人们”的恰当意义就是“大地的子孙们”。因此，如神话故事所说，大地就是神和巨人们的母亲。

此外，维柯认为，像农耕的起源也可以在希腊神话里找到它的踪迹。例如，卡德摩斯（Cadmus）和巨龙搏斗胜利后，他拔下了龙齿，播种在地里，维柯认为，这正好是“犁”的原型：它是一个顶好的譬喻，指用曲形硬木板来犁世界上最初的土地，在发明铁以前，一定是用硬木板做最初的犁齿，后来犁还保留了齿的称号。① 而希腊人却说卡德摩斯变成了龙（dragon），即用血写成法律的那条龙。希腊神话中所说的金苹果，实际上只是谷穗：当英雄们把谷穗称为金苹果时，谷物一定还是世上唯一的黄金。因为金矿当时还未开采，人们还不知道怎样从粗矿石里炼出黄金来。在希腊人中间，最初的黄金便是粮食。所谓“黄金时代”就是农耕时代。希腊人把农神叫做克罗诺斯（Chronos），意思是时间，从此派生出“时历”（chronology）这个词。

总之，在维柯看来，神话是一种寓言，而寓言的定义就是“真实的叙述”，所以，神话的诗性逻辑必然是比喻性的。在神话里，我们可以通过分析来找出它的真实的背景。不过，有一点却是维柯所未曾预料到的：他断言荷马所叙述的特洛伊战争根本就不曾发生过，这一点恰恰是错了。但是，只要我们想到，在维柯的时代，考古学根本就还没有产生，更不要说是史前考古学了。1859 年，英国史前考古学创始者约翰·伊文思（John Evans）对法国北部旧石器时代的阿布维尔遗址（Abbeville）进行发掘，被认为是史前考古学的开始。维柯在 1744 年去世，在他去世 129 年后，特洛伊战争的遗址才被发现。何况它究竟是不是荷马所描述的特洛伊战争，至今尚有争论呢。

二、神话就是历史

古希腊神话作家欧伊迈罗斯（Euhemerus）认为：神话只是历史的翻版，神话英雄就是历史上真正存在过的英雄，神话事件也就是历史上真正发生过的事件。即使某些神话看来十分费解，也仅仅由于它们在传递过程中被无意歪曲了，或是由于远古时代的人们把英雄人物奉为神明，对他的功绩作了夸大的描述，因此就带有神奇的色彩。总之，在他看来，神话不是一种秘传哲学，而是一种筛选了的历史。因此，对神话的解释首先要以历史事实为根据，从中抽引出历史事件的

① 维柯：《新科学》，中译本，上册，1989 年版，第 379 页。

核心成分。① 历史学派可能是所有学派中最有影响的学派，对这种理论作完全否定或完全肯定的结论同样困难，因为许多神话的确包含历史成分，而也有许多神话并不包含历史成分。

对历史学派作出最有力佐证的是对希腊神话中特洛伊战争的考古发现。19 世纪德国考古学家海因里希·谢里曼（Heinrich Schliemann）曾于 1868 年前往希腊和小亚细亚，寻找特洛伊遗址。1873 年他发掘到被称之为特洛伊Ⅱ（Troy Ⅱ）的一座堡垒式的遗址，并在他妻子索菲娅（Sophia）的帮助下，在这个遗址中发掘出了大量金银宝藏，共计 8000 余件，其中大部分是妇女的首饰和装饰品。谢里曼情不自禁地把这些文物看作是"普里阿诺斯的宝藏"（Priam's treasure）。普里阿诺斯是希腊神话中特洛伊的最后一个国王，正是在他的统治期间发生了特洛伊战争。谢里曼对他所发现的遗址是特洛伊遗址深信不疑。为了不让那些帮助他进行发掘的工人知道，他立即扯下了他妻子的披肩当包袱，把一些最珍贵的文物包在里面带出了发掘现场。后来谢里曼曾经把这些饰物给索菲娅穿戴起来，请人给她画了一幅铜版画。这幅铜版画被许多人看作是一种象征：神话即历史的象征。

尽管后来有人认为，谢里曼发现的特洛伊 II 号遗址早在特洛伊战争发生前 1000 多年就已经存在了，但仍然有人坚持认为它确确实实就是特洛伊遗址。这桩疑案至今尚无定论，可是，这个事例始终是历史学派最津津乐道的例子。据德国考古学家对特洛伊遗址多年的发掘证明，这场战争在历史上的确发生过，他们在特洛伊古城遗址旁边发现了神话所描述的特洛伊战争的古战场，并发掘到当年埋葬战死者的墓地，在墓地发现的大量骨灰罐，经鉴定其年代与荷马史诗中所描述的年代相符。这可以说是历史派神话理论最大的胜利。

甚至有人推测海伦（Helena）也实有其人而并非虚构。莫里斯·D. 麦克沃特（Morris D. McWhirter）和 A. 罗斯·麦克沃特（A. Ross

① F. 雅各比（F. Jacoby）：《希腊历史哲学家残篇》，柏林，1923 年版，第 58 页。

McWhirter）在撰写《吉尼斯世界纪录》（Guinness Book of World Records）时碰到一个难题：谁是世界上最美的美人？他们想到了海伦，并认为海伦的美是可以用特洛伊战争中所动用的战舰来计量的。

但是，谢里曼发现的特洛伊遗址只是一个个案。并不就能说明所有神话都是历史，或都有历史的根据。直到目前为止，还没有发现第二个这样的例子。B. 罗素（B. Russell）曾指出：《创世》中两个不同作者对于创世就有两种不同的、前后矛盾的描述。因为它同历史事件没有联系。① 宗教的经典尚且如此，何况神话？当然，有的考古学家相信《圣经》中描述过的大洪水以及诺亚方舟的故事，在苏美尔人（Sunerian）的神话史诗中可以找到它的原型，他们在古代美索不达米亚的楔形泥板文字中已经找到了一些零碎的片断，证明在距今5000年到6000年左右，在美索不达米亚的确发生过几次大洪水，这种大洪水也同样在相关地层的淤泥中得到证明。甚至认为诺亚也确有其人，不过，他是一个商人，他造船的目的是为了抢救他的货物，以免遭大洪水的灭顶之灾。至于他造的船有多大，则没有任何的证据可以说明。

三、母权制论者的神话理论

19世纪瑞士人类学家约翰·雅各布·巴霍芬（Johann Jakob Bachofen）在提出母权制先于父权制的同时，认为人类所有的历史变迁都可以用宗教信仰的变化来加以解释："所有文化只有一种可能的水准，那就是宗教。人类存在的上升和衰落完全导源于宗教这个至高无上的领域。"② 他从希腊神话中得出结论认为在宙斯取得统治地位之前，应该还有一个更早的母权制社会。古希腊罗马社会的主要特征是以父亲为中心的家长制，财产由父传子，家族以父亲名字为标记，政

---

① B. 罗素：《宗教与科学》，中译本，1982年版，第75页。

② 约翰·雅各布·巴霍芬：《神话，宗教和母权制选集》，伦敦，1967年版，第142页。

治和战争都是男性的特权，官方宗教则以奥林匹亚的万神殿为中心，天上的诸神都由宙斯来统治。正是在这个以太阳神为中心的男性世界中，巴霍芬发现了一些和这种文明的普遍原则不调和的因素，他下结论说，这些因素必然是从一些更为古老和完全不同的文化中残存下来的，它就是母权制。它的第一阶段就是古希腊对阿弗洛狄忒（Aphrodite）的崇拜。第二阶段才是真正的母权制，他认为："神话往往包含着宗教和历史的事实，两者不是分离而是同一的。"①

在巴霍芬看来，母权制有母权制的神，父权制有父权制的神，这种新神排挤旧神的故事在希腊戏剧中也屡见不鲜。当然，巴霍芬的初衷只是想以神话来论证母权制。但这样一来，也就不能不影响到他对神话起源的看法。其实，巴霍芬真正的兴趣并不在于神话，他只是想以神话来说明历史上曾经存在过母权制，在后来才被父权制所代替。亨利·图德（Henry Tudor）曾指出，在巴霍芬看来，神话好像有两个作者，一个是神话作者本人：另一个是精神。这种精神是从具体的历史形态中解放出来的，它需要的仅仅是一个能把这种精神传递给世人的代言人。而在神话的作者身上精神所发现的正是这种代言人。②据许多人类学家的考察，在世界各地，都没有发现母权制曾经存在过的痕迹，以至于认为它本身就是一个神话。

不过，巴霍芬的看法在M. 艾瑟·哈婷那里却得到了进一步的发展。她把神话分为两类：一类是以太阳神崇拜为主的男性神话；另一类则是以月亮神崇拜为主的女性神话。人的本性之一就是女人明显区别于男性的女性特征，这一区别的象征符号就是月亮，在古代神话中，月亮所代表的就是女人的神性。无论在中国、斯里兰卡、非洲和美国，都把月亮上的斑纹称之为"玉兔"，或者，兔子就是月亮。哈婷虽然并不涉及母权制和父权制，但她认为，太阳崇拜是和月亮崇拜

① 约翰·雅各布·巴霍芬：《神话，宗教和母权制选集》，伦敦，1967年版，第151页。

② 亨利·图德：《政治神话》，纽约、华盛顿、伦敦，1972年版，第75页。

分不开的，太阳神从早期月亮神那里承继了丰产女神的某些品性。在古埃及神话中，对国家的精神信仰仍集中在对俄赛里斯和伊希斯的崇拜，伊希斯是万物之母和月亮女神。她说："巴霍芬在他的《母权》中指出，所有地母都有既为月球又为地球的两重生活。不过她们都发源于圣母月亮，地球只不过是浩然的宇宙'世卵'的一部分，事实上她是月亮的女儿。"① 最近在雅典的卫城发现了一条从阿芙洛狄忒的神殿通向位于其下的厄洛斯庙的隧道。据称夜间总有一名处女携带圣物走下这条隧道。这无疑代表了厄洛斯和阿芙洛狄忒之间的神圣结合或婚姻。巴比伦对女神伊什塔尔的崇拜是最典型的对月亮女神的崇拜。伊什塔尔既掌握万物的生死，又是丰产女神。因为她本身就是月亮，月盈之时万物生长，月亏之日万物凋零。

四、语言学、语病论的神话理论

按照德国语言学家马克斯·缪勒（Max Müller）的看法，神话是由语言的疾病所引起的。由于神话起源于人类的抽象思维能力十分贫乏的阶段，神话的用语常常先于神话的思想，一些语言学中的特征，诸如性（gender）、一词多义（polyonymous）、多词同义（synonymy）、隐喻（metaphor）等，都会造成神话意义的费解甚至曲解。为了要印证神话作者处于语言极不发达的情况之下，他引证了雅利安人（Aryan）的语言特征。雅利安人的语言像古代语言一样，抽象词汇非常贫乏，而具体描述性的词汇则非常丰富。在雅利安人那里，假如没有能给诸如"早晨"、"晚上"、"春"、"冬"这些概念以某种个别事物的行为、性，或至少是人的某一种特征来加以比拟的话，他们简直就不能说这些词。我们说"太阳微露曙光"，古代诗人只会说"太阳爱曙光"或"太阳拥抱曙光"② 由于许多事物都有着不同的起因，

---

① M. 艾瑟·哈婷：《月亮神话》，中译本，1992 年版，第 99 页，参见第 27、97 ~ 98、139 ~ 140 页。

② 马克斯·缪勒：《比较神话学》，伦敦版，第72 ~ 73、82 页。

因此在早期语言中，一种事物往往有一个以上的名称；另一方面，又由于许多事物被归因于一个原因，因此，它们只有一个名称。当同义词把不同事物用同一名称去称呼它们时，就势必造成混乱。例如，太阳和其他自然现象被以一些神的名字或英雄的名字来称呼；太阳的升落被转换成宙斯和他妻子的神话故事等等。如果把"宙斯"（Zeus）一词和梵文比较，就能知道它的原意是指"天"。所以在希腊神话中，宙斯便是主宰天空之神。同样，按照缪勒的解释，希腊神话中，阿波罗（Apollo）追逐达佛涅（Daphne）的爱情故事是这样转化而来的：在希腊文中表示"发光"的词是"赫利俄斯"（Helios），原是雅利安语中的"太阳"，而梵文中表示"黎明曙光"的词是"ahana"或"dahana"，原是雅利安语中的"黎明"。假定"赫利俄斯"（Helios）一词与后来的阿波罗（Apollo）一词相混，而表示"黎明曙光"的词由"达佛涅"（Daphne）变来。太阳伴随着黎明曙光，这本来是一种自然现象，这些词经过这些变化，而变化过程则被遗忘，于是希腊神话中便产生出阿波罗追逐达佛涅的故事来。达佛涅为了躲避阿波罗的追求而变成了月桂树，于是，希腊语中月桂树也就沿用了"Daphne"这个词。缪勒还曾提到希腊神话中丢卡利翁（Deucalion），他是皮拉（Pyrrha）的丈夫，宙斯将他们从洪水中救出时，根据神示，他们必须把母亲的骨头扔向身后。丢卡利翁领悟到，大地就是母亲，骨头就是石头。于是，他便向身后扔石头，这些石头就变成了男人；而他的妻子皮拉扔的石头就变成了女人。他们两人也就成了人类的始祖。而在缪勒看来，这也是语病所致。因为在希腊语中，"人"和"石头"的发音十分相似。

正如恩斯特·卡西尔（Ernst Cassirer）所指出的那样：在缪勒看来，神话是语言的某种基本缺陷所造成的："神话是语言投射在思维上的阴影。"但卡西尔认为，当今的词源学和比较神话学早已摒弃了这样的观点。① 缪勒之后，又有弗朗兹·博普（Franz Bopp）用同样的方法解释神话。他认为梵语中的"Diaush Pitear"，希腊语中的

---

① 恩斯特·卡西尔：《语言与神话》，中译本，1988年版，第33页。

"Zeus Pater"，拉丁语中的"Jupiter"以及古代条顿语中的"Tyr"，"朱庇特"（Jupiter）是古罗马的主神，相当于希腊的宙斯，"提尔"（Tyr）是日耳曼民族最古老的神祇之一，罗马人把他和战神马尔斯相等同。

它们的意义是完全一样的，因此，他作了如下的公式：

Diaush Pitear = Zeus Pater = Jupiter = Tyr

有人指责他这种牵强附会的做法，认为在这个等式中，除了罗马神祇中的朱庇特相当于希腊神话中的宙斯外，其它方面都是难以证实的。

爱德华·泰勒（Edward Tylor）和安德鲁·兰（Andrew Lang）虽然并不同意缪勒的观点，但也并不完全否认从语源上研究神话人物的名字可以构成神话研究的一部分。泰勒说：当神话被创造出来之时，人类的智能尚处于黎明状态之中，因此任何一种自然现象或社会习惯对当时的人们来说都没有明显的理由，于是，他就会去创造出一个故事来解释这种自然现象或社会习惯。在对这种故事所进行的反复讲述过程中，会毫无困难地把它们给搞乱了。① 神谱的混乱情况似乎是泰勒这种论述的最好证明，不仅希腊神话如此，我国古代的神话也是如此。此外，让·皮亚杰（Jean Piaget）根据他对儿童心理学中万物有灵论的倾向的考察，认同马克斯·缪勒的一些看法。他说：那样的一些情况确实有利于马克斯·缪勒的看法，即原始时代人们的万物有灵论和所有宗教一样，都是"语言的疾病"。②

五、神话是自然现象的拟人化

拉德克利夫-布朗（Radeliffe-Brown）是英国现代社会人类学的奠基者之一，他曾于 1906 年到 1908 年，在安达曼群岛上进行实地考

① 爱德华·泰勒：《文化的起源》，纽约、埃文斯顿、伦敦，1958 年版，第 392 页。

② 让·皮亚杰：《儿童的世界概念》，纽约，1929 年版，第 250 页。

察，在1922年，他的《安达曼岛人》一书问世，在这本著作中，他直接从当地的土著居民那里记录了他们的神话，有相当一部分还追根溯源，希望从土著居民那里得到关于这些神话起源的解释。因此，对我们了解现代原住民的神话究竟是怎样产生的，它和现实生活究竟存在着怎样的一种关系，都具有十分重要的意义。这样的直接记录，在其它神话研究者那里已经很难见到。

在《安达曼岛人》一书中，有两章是专门涉及神话的，即第四章《神话与传说》和第六章《安达曼人习俗和信仰的解释：神话与传统》。前者直接介绍安达曼人的各种神话传说；后者则偏重于对这些神话传说的产生背景作出分析，因此，对我们来说，后者比前者更值得重视。在许多地方，拉德克利夫-布朗都指出，在安达曼人的神话中，我们都能见到一种可以被称之为“自然现象拟人化”（personification of natural phenomena）的实例。自然现象的某些特征被看作是和人的行为相一致的，甚至把某一种自然现象完全和人等同起来。安达曼人的情感受到这些自然现象的影响，因而把发生的所有事情都看作是一个拟人化的存在物。但是，除了那些还直接影响到他们生活的自然现象之外，安达曼人对大自然是丝毫不感兴趣的。对那些直接影响到他们生活的自然现象，安达曼人不得不使用已经完全系统化的个人体验，使自己从大自然活动中得到的体验系统化。他们按照自己最熟悉的世界，即人的世界，去解释自然现象，结果就产生出各种各样的自然神话。

在安达曼人的生活中，火被看作是社会生活和社会活动的象征，是社会生活围绕的中心，也是社会获得力量的源泉。社会生活之所以可能，就是因为有了火。火能为他们提供安全庇护，能抵御精灵的侵害。只有人类才能拥有并使用火，因此，火也是人类和动物的分界线。传说认为，当火被发现的时候，有些祖先因为害怕火或者因为被火烧着而逃开了，人类从此就围绕着火建立起人类社会，而那些逃跑的人则变成了鸟兽和鱼类，人类之所以为人类，就因为他们拥有火。反之，动物之所以为动物，就因为它们没有用火的能力。那么，火究竟是怎样来到人类身边的呢？神话提供了各种不同的解释。第一种，是翠鸟从比利库/普鲁格（Biliku/Puluga）那儿偷来的，这种鸟在脖子处有一片鲜红的红色羽毛，传说那是被比利库（Biliku）投出的火把或珍珠贝（闪电）击中的地方。另一种说法是，翠鸟把火吞了下去，又被闪电削掉了脑袋，火就从它脖子上掉了下来，而火掉出来的地方如今长着红色的羽毛。“在种种版本的传说中，大多似乎都暗示说，尽管翠鸟成功地取得了火来给祖先们使用，但他自己却无法因自己付出的努力得到什么利益，因为他变成了一只鸟，被判永远吃生的鱼。”① 所有部落都有传说讲到比利库是第一个拥有火的人，有些故事说，是比利库把火传给了祖先，而又有故事说，是祖先中的某个人从比利库那里偷来了火。

“祖先没有火，而 Biliku 有。祖先于是设法从 Biliku 那儿偷火。一天晚上，在 Biliku 睡着的时候，Lirtit（翠鸟）就去偷火。Bilika 醒过来，看见翠鸟拿着火正想溜走，就拿起一个珍珠贝（ba）向它掷去，把它的翅膀尾巴都削掉了。翠鸟潜入水中，带着火游到了 Bet-'ra-kudu，把火交给了 Tepe。Tepe 把火传给了 Mite（铜翅鸠），Mite 又把火传给了其他人。”②

在安达曼人的神话中，太阳神话和闪电神话都和火有关。一个来自阿卡契德部落的关于太阳由来的传说认为，比利库把一块燃烧的木炭扔到天上，造出了太阳。这样，比利库就成了火的唯一源泉，也成为生活的唯一源泉。闪电是比利库扔过天空的一个火把；另一种说法是，闪电是比利库掷过天空的一个珍珠贝，从而造出了闪电。安达曼人把闪电看作火，这是毫无疑问的。被闪电击中的树木烧焦的样子，足以使他们深信不疑。关于闪电，土著有好几种不同看法。其中一种看法认为，闪电（Ele）和雷（Korude）是两个人，雷声闪电的现象是这两个人造成的：另一种看法认为，雷声和闪电是比利库和塔莱（Tarai）引起的。闪电被看作是“比利库或塔莱在干活”。太阳和闪

① 拉德克利夫-布朗：《安达曼岛人》，中译本，2005 年版，第 254～255 页。

② 拉德克利夫-布朗：《安达曼岛人》，中译本，2005 年版，第 148 页。

电是土著所知的仅有两种自然火。就这些神话故事来说，比利库不是一个因为发明了火而受到人类感激的恩人，而是一个与人类社会对立的人。虽然比利库有火，但她却把火自己留着，想得到火，只有从她那里偷。她发现火被偷，很生气，要惩罚那胆敢冒犯她的人。这里，翠鸟充当了希腊神话中普罗米修斯（Prometheus）的角色。为什么神话要把人类用的火说成是从神那里偷来的，这确实是个有趣的问题。安达曼人在跳舞或进行仪式活动时都要用红颜料来化妆，因为他们认为红色是火的颜色，它象征着生命的基本要素。相信涂上了红颜料之后，就会增加精力和体力。安达曼人还用松香生火照明来跳舞，也用松香做成的火把在夜里捕鱼。火光是他们唯一的人造光，若没有松香生火的话，舞就很难跳起来了。因此，松香的社会价值在于它是一种中和黑暗的手段。

北安达曼人认为夜晚是精灵（Lau）扯了一张席子或一块布遮住天空造成的；另外，蝉的歌唱也导致了黑暗，祖先们看到自己为黑暗所笼罩，就开始以跳舞和歌唱的方式去补救这种不幸的局面。经过数小时的歌舞之后，夜晚终于结束，白天出现了。从那时起，日夜就定期互相交替，每逢日夜交替之时蝉就唱歌。夜晚的负面价值正好被歌舞的正面价值抵消掉了。松香发出的人造光帮助了人类抵消了黑暗的负面影响。另一方面，月亮发出的光，使人们能够在晚上打鱼捕龟，但月亮忌妒心很重，假如有人用人造光如火堆、火把、燃烧的松香，她就会怒不可遏，将她所发出的光撤回。简而言之，月亮也是被拟人化了。实际上，在安达曼岛上，到了第三个季节，月光会愈来愈黯淡，而且黑暗的时间也愈来愈长，这完全是自然现象。到了第三季节开始的时候，月亮在晚上带着红晕升起，对月亮这副红肿的样子，土著解释说是月亮生气了。

对安达曼人而言，日夜的交替与蝉的歌唱并非两种独立的现象，而是同一循环发生的事件的两个组成部分或两个方面。既然日、夜是无法触摸到的东西，即人类行为无法直接影响到的东西，而蝉却可以触摸到，那么，预防措施就只好借蝉来实现。蝉与日夜交替的现象如此紧密相关，因此对蝉的任何干扰都是受到禁止的，这种禁止标志着或表达了日夜交替的社会价值。“土著把蝉与比利库联系在一起，几乎可以肯定是由于这种昆虫与季节之间的联系。遗憾的是，由于当时没有认识到此事的重要性，我在安达曼群岛期间没有把蝉的生命周期与季节变化之间的关系记录下来。”①

安达曼人还通过比利库和塔莱这两个神话人物，去表达天气和季节的变化。比利库和东北季风联系在一起，凉季和热季盛行东北季风，是比利库的季节：塔莱则与西南季风联系在一起，从西南方向吹来的风就叫作塔莱风，因此雨季是塔莱的季节。安达曼人把这两个神话人物与所有的天气和季节现象都联系在一起，把它们描述得和人的行为一模一样。愤怒是安达曼人生活中最熟悉的反社会情感，因此，月圆之后光芒渐减，就被解释为是月亮发怒的结果；同样，狂风暴雨也被解释为也是由比利库和塔莱发怒所造成的。比利库和龙卷风联系在一起是比利库最重要的象征。对于安达曼人而言，龙卷风和比利库的怒气是一码事。有些故事还讲到，比利库发出一场巨大的风暴，几乎摧毁了世界。

在安达曼人看来，所有危险状态都是由于和精灵接触造成的，一个人在睡眠时要比清醒时更容易发生与精灵接触。由于睡眠时会做梦，因此梦境就相当于精灵世界。当一个人在睡眠中进入到这种梦的幻影世界中去的时候，就会和精灵世界发生局部的接触，他们相信，在梦中可以和精灵交流，但做梦可能导致人生病，巫医则可以在梦中使人生病或给人治病。在梦境中，做梦的人变成了自己的一个幻影，在梦中活动的不是他本人，而是他的魂魄、影子或灵魂。这和人死后变成精灵，只不过是一步之遥。精灵就被看作是造成疾病和死亡的祸根，从而被认为是有害于活人。然而，就像关于巫医的信仰所表明的那样，一些不寻常的人能够与精灵建立友谊。“要是问安达曼人他们害怕死人精灵的什么东西，他们就会回答说，他们害怕得病或死亡，而且，假如不好好遵守葬礼和服丧习俗的话，死者的亲属就会生病，

---

① 拉德克利夫-布朗：《安达曼岛人》，中译本，2005年版，第267页。

可能还会死掉。"①

关于土著何以要用黏土涂身，"我多次问过他们，假如他们吃了猪肉或龟肉而不用黏土涂身的话会发生什么情况，每次我都是得到这样的回答：谁要是这么干，几乎可以断定他必病无疑。"② 因为用黏土涂身，可以掩盖它们发出的气息，使邪恶的精灵无法觉察，从而不会被他们吃下的食物的香味吸引过来。

有人曾经对拉德克利夫-布朗的论述是否出自真凭实据提出怀疑，不过，从拉德克利夫-布朗只用"精灵"概念，而不用当时十分流行的"万物有灵论"的概念来看，他的论述的可信度应该是较高的。

六、符号论的神话理论

符号论的神话理论认为，神话并非个人的创造，而是一种符号化的社会精神的产物。恩斯特·卡西尔说，谢林在《神话哲学引论》中曾指出，神话的历史论解释和自然论解释都是错的：前者想把神话变成为历史；后者则把神话当作对自然界的一种原始解释。其实，神话并非存在于一个纯粹是虚构或想象的世界中，而是有它自己必然的模式。对神话的意识起支配作用的是一种不可控制的力量，它来自人类意识的必然进程。它的源头已经消失在历史的进程之中了。而卡西尔认为，谢林的这种看法仅仅触及到神话的源头，而未能对它作出进一步的解释。

在卡西尔看来，神话是一种符号形式的凝聚和一种自满自足的世界，它是一种"世界观"，这种世界观不仅可以在一些神圣的神话故事中发现，也可以在巫术、占星术和仪式中发现。它包含一种经验的获得，这种经验非常古老和原始。神话是一种"前科学的世界观"，它的每一种源头，尤其是它的巫术世界观，都渗透着符号的客观性。神话的真实性和深刻性并不在于其结构所显示的东西，而在于其结构

① 拉德克利夫-布朗：《安达曼岛人》，中译本，2005年版，第222页。

② 拉德克利夫-布朗：《安达曼岛人》，中译本，2005年版，第201页。

所隐藏的东西。只有那些有钥匙开启它的人才能理解它的密码。

卡西尔认为所有神话都存在着一种基本的神话图式，因此，在世界范围内，所有神话都有一种明显的相似性。那么这种相似性究竟是从何而来的呢？自然论解释为自然界某些特定对象是神话形成的核心和来源，例如太阳神话中心论、月亮神话中心论或星体神话中心论都想把自己的理论强加给另外的所有星体神话，甚至强加给所有神话。假如神话仅仅源于一些原始的神话观念或万物有灵论的信仰，那么它就不可能发展为一种普遍一致的世界观。卡西尔认为，无论是神话、语言还是艺术，符号总是在发挥其积极的创造性力量。“对意识而言，符号世界表现为一种充分的客观性，神话的每一种源头，尤其是它的巫术世界观，都渗透了符号的客观性和力量。”①

神话使所有的结合因素达到一致，神话意识中不存在科学中认为“非存在”（not-being）的东西，神话是一种黏合剂，能把所有不同的东西统统黏合在一起。科学思维对客体采取探索和怀疑的态度，而神话则是简单地被客体所压倒并占领，神话世界的统一性就在于它所形成的一个自我封闭的王国。神话世界是一个真实的世界。在神话思维中，既不分主体与客体，也不分部分和整体，部分也就是整体。因此，一个人的头发、指甲屑、脚印如果被他人利用，就会危及整体。“互渗律”（participation）构成了图腾信仰的基础：个体被认为属于并依存于图腾祖先，人以及他所属群体可以和一只红鹦鹉画等号，它并不按照物种来归类，而是按照互渗律来归类。②

在《人论》中，卡西尔认为原始人对植物、动物、人之间的界限置之不顾，他们的生命观是综合的，不是分析的。生命没有类的区别，它被看作是一个不中断的连续整体，容不得任何泾渭分明的区别。“如果神话世界有什么典型特点和突出特性的话，如果它有什么

---

① 恩斯特·卡西尔：《符号形式的哲学》，英译本，第2卷，纽黑文、伦敦，1965年版，第24页。

② 恩斯特·卡西尔：《符号形式的哲学》，英译本，第2卷，纽黑文、伦敦，1965年版，第64～66页。

支配它的法则的话，那就是这种变形的法则。"① 在神话思维中，神的名字是神的本性的一个组成部分。如果不能用神的真正名字去称呼他，那么符咒和祈祷都将无效。歌德曾经说过，一个人的名字犹如他的皮肤，伤害皮肤就会伤害到他本人。对神话而言，名字要比皮肤更重要。名字能表明一个神的存在和他的管辖范围，只有用恰如其分的名字去称呼神，神才肯接受祭献。神话世界不是遵循因果律的物理世界，而是人的世界。因此，它不是一个可以被归结为几个因果律的自然力量的世界，而是一个戏剧世界。神话剧中的舞蹈者不是"角色"，他就是神，他正在变成神。

他认为神话并不是按照逻辑的方式来看待事物的，而是建立在一种前逻辑的（prelogical）概念和表达方式之上的，神话的思维方式是一种"隐喻思维"，它是人类最基本的思维方式。"这里，神话制作心智再一次表现出对其产品与语言现象之间的关系的某种意识，尽管它的特性使它不能以抽象的逻辑术语，而只能以意象来表达这种关系。"神话思维和语言思维在各个方面都相互交错：神话王国和语言王国在各自漫长的发展过程中都受到同样心理动机的制约。"同样一种心智概念的形式却在两者中相同地作用着。这就是可称作隐喻式思维的那种形式。"② 在思维的这一领域内，没有什么抽象的指称：每一个词语都被直接变形为具体的神话形象，变成一尊神或一个鬼。

七、神话起源于祭礼仪式

在20世纪30年代，在德国宗教史的领域里，曾经出现过所谓的"神话和仪式学派"，专门研究神话与仪式的关系问题。洛德·拉格伦（Lord Raglan）认为，神话并非源于真正的历史或想象。绝大多数的神话和传说都在仪式上有着它们的起源。没有理由可以相信一个

① 恩斯特·卡西尔：《人论》，中译本，1985年版，第104页。

② 恩斯特·卡西尔：《语言与神话》，中译本，1988年版，第99、102、113页。

神话或任何一个传说故事能体现出一个历史事实。没有任何根据能相信传说中的历史性。他还认为，没有文字的民族不可能有历史观念，也不可能对历史感兴趣。因为历史是按照年代顺序来记载一系列真实发生过的事件的，没有精确的年代顺序，也就没有历史。没有文字记录，也就没有历史，因为历史的本质就在于它与一系列按照正常的连续性所发生的事件之间的关系。野蛮人没有书写记录，他们也就没有历史。在一个目不识丁的社团中，人们作为一个整体，不仅不是一个善于虚构的社会，而且可能连讲述一个故事都不会。

为了说明神话的起源仅仅和仪式有关，他举出了以下几条理由：（一）除了神话起源于仪式这种解释外，找不到更好的解释。（二）神话和传说故事最早总是和超自然力量、国王和英雄联系在一起的。（三）奇迹在神话传说故事中总数占据了绝大部分内容。（四）许多神话传说中的场面和情节常常出现在世界各个地方。（五）许多神话传说故事中的场面和事件常常只能用仪式的术语来进行解释。此外，他还认为有两种可能的解释能揭示出神话的仪式起源：（一）以欧洲的神话为例，许多神话传说首先是在宫廷和城堡中产生出来，然后才渗入到农民中去。（二）农民同样在有关王室的故事中得到了满足。①

洛德·拉格伦认为任何一个历史事件，单凭记忆，最长也不可能超过150年，因此，他引述了S. H. 胡克（S. H. Hooke）的话说一个神话只能被定义为“一个和仪式相关的故事”，神话是“仪式中说话的一部分”。另一方面，洛德·拉格伦又指出：虽然绝大部分神话研究者会接受神话与祭礼之间的某种联系，但假如把这种联系作为一种简单的科学原则，即一种单一的原因所产生的单一效果，那么这种理论就将彻头彻尾走入歧途。②

---

① 洛德·拉格伦：《英雄神话》，伦敦，1949年版，第2、9、36、120～121、134～135页。《神话与祭礼》，载A. S. 托马斯（A. S. Thomas）编：《神话论集》，布卢明顿，1965年版，第133页。

② S. H. 胡克：《迷宫》，伦敦，1935年版。

早在1912年，简·埃伦·哈里森（Jane Ellen Harrison）就提出神话是一种与祭礼仪式相关的陈述。她认为祭礼仪式是一种在强烈感情刺激下所做的事情，是一种集体的行为。而祭礼仪式的一部分就是神话的背诵。正是在祭礼仪式中，高度紧张的情绪通过刺激性的动作和神话的背诵而得到缓解，个体在祭礼仪式和神话的背诵中沉溺于他所属的群体之中。神话不仅借助于祭礼仪式获得它的情感通道，而且也借助于祭礼仪式，在语言的表述上获得它的通道。一个神话就如同它所伴随的祭礼仪式一样，它表现的也是一种集体情感。她认为："对希腊人而言，一个神话首先是一种说话，完完全全靠嘴来述说，和这种述说相对照的是人的动作、表演。……一个神话的最初意义和最早的文学相同，它是一种和行为的仪式相对应的述说。"① 哈里森倾向于把神话的起源和狄俄尼索斯仪式和母权制盛行联系起来，在这些方面可以看到她明显受到约翰·巴霍芬的影响。

阿道夫E.詹森（Adolf E. Jensen）认为，与神话最直接相联系的是祭礼或崇拜仪式，所有带有神话思想烙印的人类行为在基本方面都与祭礼相关。说话是当代原始部族最重要的交流思想的手段，可以想象，在史前社会中也是如此。神话的巨大意义是运用语言的一种结果，它和早期社会的"宗教语言"——祭礼仪式结合在一起，成为原始社会中交流思想最重要的形式。他认为，过分强调原始人生活的集体方面是错误的，即使"集体灵魂"（collective soul）承担了原始人的主要文化结构，但个体在任何情况下仍然是重要的，甚至在历史上最古老的文明中也是如此。神话就在这点上表现得非常明确：在神话中，凡重要事件无不归因于个别的人物，神话歌颂的常常是个别的英雄人物。祭礼仪式的群体性和神话英雄主题的个体性并不矛盾，虽然这两者的关系随着部族集团内部的差别而有所区别，在一种情况下，祭礼仪式支配着整个宗教生活，并排斥神话；而在另一种情况下，则是神话占了明显优势。但在大多数情况下，神话和祭礼仪式在

① 简·埃伦·哈里森：《忒弥斯女神：希腊宗教社会起源的研究》，伦敦，1963年版，第328页。

原始生活中都处于最显著的地位："在最早的宗教形式中，神话和祭礼仪式是密切相关的。……神话与祭礼长期以来被认为是不可分割的，而两者之间纠缠不清的关系却又经常为人们所忽视。"①

还有人认为，正是由于世俗世界充满了烦恼、颓废与混乱，它是个"狗咬狗"的世界，神圣世界才会出现。神话和仪式在其中起着调整作用。如果只有世俗世界才是唯一适于人类居住的世界，那人类就无望了。幸而有另一个世界，即神圣世界，为人们提供了救援与幸福。传统的宗教共同体用神话和圣餐仪式等，表现"神圣"实体的本质。"仪式戏剧性地把神话所描述的东西表演出来，而神话则用言语表达的方式揭示了力量、秩序与安慰。"② 所有神话都是受制于祭礼仪式的，神话只是一种"祭礼的讲话"（rite spoken）。③

美国当代人类学家克莱德·克拉克洪（Clyde Kluckhohn）在研究了纳瓦霍人（Navaho）的基础上，曾提出神话是一种词的符号系统，而祭礼却是一种事物和行为的符号系统，它们两者的符号化过程都与在同样情况下产生同样的效果的模式有关。两者之所以一起发生，就因为它们都"满足了同一种群体的需要或个体的需要"。④ 在原始舞蹈中，从没有变化的舞蹈发展到有领舞和有合唱队伴唱的舞蹈中，祭礼仪式都起到了积极作用。同时，它又把图腾精灵和诸神加以拟人化，这就为表现半神半人的神话故事铺平了道路。⑤

---

① 阿道夫·E. 詹森：《原始人中的神话与祭礼》，芝加哥大学，1963 年版，第 39 页。

② 弗雷德里克·J. 斯特伦（Frederick J. Streng）：《人与神，宗教生活的理解》，中译本，1991 年版，第 69、74 页。

③ 塞缪尔·诺亚·克雷默（Samuel Noah Kramer）编：《古代世界的神话》，纽约，1961 年版，第 8 页。

④ 克莱德·克拉克洪：《神话与祭礼：一种普遍化的理论》，载《哈佛神学评论》，1942 年，第 XXXV 卷，第 45 ~ 79 页。

⑤ B. 弗朗西斯·古默里（B. Francis Gummere）：《诗的起源》，纽约，1901 年版，第 106 页。

八、精神分析学的神话理论

按照S. 弗洛伊德（S. Freud）在《日常生活中的精神病理学》（The Psycho-pathology of Everyday Life）一文中的说法，心理分析学起源于约瑟夫·布罗伊尔（Josef Breuer）的发现。① 1880年，奥地利医生布罗伊尔曾用催眠术治疗一位歇斯底里患者，从而发现了通过交谈即宣泄（catharsis）来治疗的方法，患者在催眠状态下倾吐了以往的不愉快的经验之后，病症得以解除。布罗伊尔向弗洛伊德叙述了整个过程，后来两人合著于1895年出版了一本关于歇斯底里治疗方法的书。弗洛伊德则以自由联想的方式代替催眠术，认为患者在受到自由谈话的鼓励后，便会消除戒备，无意识的材料会逃脱有意识思考时所施加的监视，被压抑的记忆同样能宣泄无遗。与此同时，弗洛伊德还运用自由联想的方法去分析梦境，并发现了梦的意义，这一切就导致了《释梦》（Die Traumdeutung）一书的问世。

虽然弗洛伊德并没有把对梦的解释扩大到神话研究的领域中去，但是，他认为这种象征作用在神话中同样存在。最著名的例子就是他对希腊神话中俄狄浦斯（Edipus）的分析，后来就被称之为“俄狄浦斯情结”（Edipus Complex）。那么究竟什么叫做“情结”呢？一个人在过去曾受某一件事的深刻影响，这种影响的伤害大得使他潜抑了它，把它埋进潜意识里去，不再被他意识到，但仍残留在他的心里。这种伤害一旦被潜抑下去，就像一块放射性金属，表面看来没什么害处，其实它却能放出一种能量，影响到他的思想、感觉和生活。② 在希腊神话中，俄狄浦斯的父亲拉伊俄斯（Laius）听到预言说，自己将死于亲生儿子之手，而和自己的妻子结婚，他对这个预言十分震

---

① S. 弗洛伊德:《日常生活中的精神病理学》,载A. A. 布里尔(A. A. Brill)编:《西格蒙特·弗洛伊德基本著作选》,纽约,1938年版。

② J. 洛斯奈（J. Rosner）：《精神分析入门》，中译本，1987年版，第29页。

惊，于是在俄狄浦斯出生后就刺穿了他的双脚，并让一个奴隶把他丢弃在山上喂野兽。但这个奴隶可怜孩子，把他送给了邻国的国王波吕玻斯（Polybus）的一个牧人。俄狄浦斯慢慢长大后，他怀疑自己的出身，就去求助于神谕。但他得到神谕说他将弑父娶母，因此必须离乡背井。于是他决定离开波吕玻斯，到处流浪，来到了一个十字路口，他遇见了拉伊俄斯，在发生争吵后，他杀死了这位国王。后来又由于他猜中了怪物斯芬克斯（Sphinx）之谜，斯芬克斯跳下了深渊，通往忒拜的路从此畅通无阻，忒拜人为了感谢他，拥戴他为国王，并让拉伊俄斯的孀妻伊俄卡斯忒（Jocasta）做他的妻子。

弗洛伊德则根据自己的实验观察，认为婴儿性欲的起源极早，男孩很早就会对母亲发生一种特殊的柔情，它是一种爱的竞争，显然带有性的含义。他说：在俄狄浦斯王的故事里，是可以找到我们的心声的，他的命运之所以会感动我们，是因为我们自己的命运也是同样的可怜，因为在我们尚未出生以前，神谕也就已将最毒的咒语加于我们一生了。很可能，我们早就注定第一个性冲动的对象是自己的母亲，而第一个仇恨的对象却是自己的父亲，同时我们的梦也使我们相信这种说法。俄狄浦斯王弑父娶母就是一种愿望的达成——我们童年时期的愿望的达成。① 和弗洛伊德同时代的维也纳心理学家奥托·兰克（Otto Rank），也把精神分析学理论扩展到神话研究的领域，在1909年出版的《英雄诞生的神话》（The Myth of the Birth of the Hero）中，他认为神话涉及的是人类思维活动的普遍规律，对神话的本质进行心理学研究可以帮助我们揭示出人类思想活动普遍规律的源泉。从这种源泉中，在所有的时间和空间中都可以产生出同样的神话内容。弗洛伊德在《释梦》中指出，俄狄浦斯被神谕告知，他将杀死他的父亲，并和他的母亲结婚。弗洛伊德揭示了两个为许多人所经验过的典型的梦：父亲的死，与母亲有性关系的梦。俄狄浦斯的命运之所以能使我们感动，就因为这种事情也可能在我们自己的身上发生，正如灾难在俄狄浦斯身上发生那样，这种神谕也可能在我们诞生前就在我们身上

① S. 弗洛伊德：《梦的解析》，中译本，1986年版，第168页。

应验。俄狄浦斯弑父娶母，只不过是一种欲望的完成，那种我们幼年时代早就有的欲望的完成。① 兰克认为，梦和神话之间的关系不仅表现在内容方面，而且也表现在形式方面，对病理学、精神结构等方面作原动力的研究，完全证实了把神话解释为人类的一种原始梦境是正确的。

德国精神分析学家卡尔·亚伯拉罕（Karl Abraham）也认为，神话是幻想的产物，在神话中，我们总能发现一种被压抑了的欲望，但和梦不同，神话并不起源于任何一个个体的特殊情感，它是集体的产物，它所表现的情感对所有的人来说都是共通的。因此，用弗洛伊德的话来说，神话是种“象征的梦”（typical dreams），它是一种“种族婴儿的精神被压抑了的生活片断”。任何欲望都不可能被消弭得干干净净，它们便在种族的神话中残留着，正如个体的被压抑的欲望可以在梦中残留一样，它可以被称之为“群体压抑”。“正如我们不能理解一个没有被我们解释过的梦一样，我们也不能理解一个神话的最初含义，其理由也正在这里。”②

把人类的原始状态比拟成儿童始于维柯，但这种比拟用于神话研究，特别是用于精神分析学的神话研究却是不恰当的。因为人类种族在任何时候也不可能等同于一个个体，它既无母亲，也无父亲，一个种族既不可能弑父，也不可能娶母。种族既不会沉睡，也不会做梦，即使弗洛伊德的里比多理论可以成立，种族也不可能像个体受到性压抑那样受到压抑。神灵并非梦的产物，就如同卢克莱修（Lucretius）所说，“就是在那些日子，人类已习惯于在心灵醒着时看见许多卓越的神灵的容貌；睡着时就更多”。③

精神分析派的另一代表是 C. G. 荣格（C. G. Jung）。他认为人类

---

① 奥托·兰克：《英雄诞生的神话》，菲利普·弗罗因德（Philip Freund）编：纽约，1959 年版，第 8～9 页。

② 卡尔·亚伯拉罕：《梦与神话：对种族心理学的研究》，纽约，1913 年版，第 36 页。

③ 卢克莱修：《物性论》，中译本，1981 年版，第 334 页。

在很大程度上是负荷着种族本能的集体无意识的生物，神话的源泉就是这种集体无意识，集体无意识的存在是个体所无法觉察的。那些在神话中反复出现的原始意象，实际上都是集体无意识的表现。原型（archetypes）构成了集体无意识的内容。个人无意识可以由带情感色彩的情感或情绪所组成，而集体无意识的内容就是原型。集体无意识的内容从来就不会出现在意识之中，因此不可能为个人所获得，它们的存在完全靠遗传。无意识的表层或多或少具有个人特征，所以可称之为个人无意识，但这种个人无意识依附在一种更深的层次上，这种更深的层次就是集体无意识。"我之所以选择'集体'这一术语就因为这种无意识不是个别的，而是普遍的。它和个人的心理正好相反，它所具有的行为内容和模式可以在与它同样的地方和所有个体中或多或少地存在着。换言之，就因为它对所有的人来说都是共同的，因此，它组成了一种超个人的共同心理基质，这种基质至今还存在于我们每个人的身上。"① 荣格认为，原型是一个非常古老而遥远的概念。原型一词相当于柏拉图哲学中的"超感觉的形式"（intelligible forms），它关系到远古时代就存在着的宇宙形象。与列维-布留尔（Levy-Brühi）的"集体表象"相似，指的是原始观念中世界的一种形象符号。也和列维-布留尔所说的"神秘互渗"相似。原型本身并没有肯定的内容，它仅仅是一种潜在的可能性。原型只能通过它的效果而被发现，那就是通过各种各样的具体形象或"原型观念"（archetypal ideas），在这些具体形象和原型观念中原型才能表现它自身。简言之，梦和神话并不是由原型所构成，而是由原型的符号化形象所构成。

按照荣格的看法，梦、神话和其它幻想形式其目的都是个体心理的一种戏剧化形式，集体无意识通过把具体的对象和事件作为一种象征化了的语言来陈述它自身。完成这一点并不是任意的，而是由原型自己形成的方式决定的。原型是人类永远重复着的经验的沉积物。它

① C. G. 荣格：《荣格著作集》，伦敦，1969年版，第9卷，第3~4页。

永无休止重复地在心理素质或潜能的形式上渗透进我们心理的结构之中。① 正因为它是经验的沉积物，一个用原始意象说话的人，就代表着千万人的心声。

原型不同于人生中经历的若干往事所留下的记忆表象，不能被看作是在心中已充分形成的明晰的画面。母亲原型并不等于母亲本人的照片或某一女人的照片，它更像是一张必须通过后天经验来显影的照片底片。②

荣格认为，神话是原型的一种重要表现方式，是揭示人类灵魂最早的记录。由于原始人的无意识心理有一种不可抑制的愿望要把对外界的感觉经验同化于内在的心理事件，因此，他们在看到日出和日落的同时，就会伴随着心理活动，于是所有季节变化、月亮圆缺无不成为无意识心理的象征性表现。这种表现在神话中留下了明显痕迹。"原始人的主观性给我们留下了如此强烈的印象，应该使我们早就猜想到神话与一些心理活动有关。他对自然界的知识从本质上说是一种无意识心理过程的语言和外衣。这个过程是无意识的，这件事实本身说明了为什么人在企图解释神话的时候想到了一切，但却恰恰想不到心理活动。他根本不知道，心理活动包括了产生神话的全部形象。"③

九、结构主义者的神话理论

让·皮亚杰认为结构主义有两个共同的特点：第一是认为一个研究领域里，要找出能够不向外面寻求解释说明的规律，能够建立起自己说明自己的结构来；第二是找出来的结构要能够形式化：能作为公式而作演绎法来加以应用。于是他指出结构有三个要素：整体性、具有转换规律或法则、自身调整性。"所以结构就是由具有整体性的若

① C.G. 荣格：《荣格著作集》，伦敦，1969 年版，第 9 卷，第 48 页。

② C.S. 霍尔（C.S. Hall）等：《荣格心理学入门》，中译本，1987 年版，第 45 页。

③ C.G. 荣格：《心理学与文学》，中译本，1987 年版，第 55 页。

干转换规律组成的一个有自身调整性质的图式体系。"① 在皮亚杰看来，结构是一个自满自足的系统，它是一个由种种转换规律所组成的体系，并且这种转换不必求助于外部的因素，在它自身的领域内就能完成。

皮亚杰认为是法国数学家 E. 伽洛瓦(E. Galois)发现了存在于数学中的"群"的结构,这个"群"的结构在 19 世纪征服了数学这门科学。"群"可以被看作是各种"结构"的原型,它是从数理逻辑中引申出来的,"群"有着使用的普遍性,它是转换作用的基本工具。

语言学结构主义的产生则始于索绪尔（F. de Saussure)，他的《普通语言学教程》(Course in General Linguistics）是结构主义的奠基之作。在这本著作中，索绪尔强调语言研究的两大要点：首先是语言(langue）和言语（parole）的区别，他把语言定义为语言习惯的整个序列，它允许一个个体去理解并被理解。而言语则是在语言中产生出来的各种发音和表现活动，因此，索绪尔坚持认为语言分析的适当对象是语言而不是言语。其次，他指出，语言可以在时间的进程中得到研究，即历时性地（diachronically）研究，也可以对语言的时间存在的抽象形式进行研究，即共时性地（synchronically）进行研究。而后一种方法是更为重要的。语言是一个任意的记号系统，在概念和语音之间并没有一种必然的关系，语言并非由语音和意义本身所构成，而是由语音和意义之间的关系所构成。索绪尔建立了共时性语言学，并证明语言过程不能归结为语言的历时性研究。尽管索绪尔没有用过"结构"一词，但他对共时性语言学的研究，却为结构主义的产生铺平了道路。

结构主义的神话学理论在 20 世纪 60 年代十分流行，它绝大部分是和列维-斯特劳斯（Lévi-Strauss）联系在一起的。列维-斯特劳斯深受索绪尔的影响，积极倡导将语言学的理论应用于人类学的研究。同时，他还受到法国数学家 A. 韦尔（A. Weil）和 G. Th. 吉尔博特(G. Th. Guilbaud）的帮助，把结构形式化。他认为，语言学和人类学

① 皮亚杰：《结构主义》，中译本，1984 年版，第 2 页。

材料有着类似的结构，因为所有人类文化现象都有着共同的“无意识基础”。他发现在神话中存在着一种十分普遍又十分矛盾的现象，那就是一方面，神话没有逻辑，没有连贯性，在神话里，什么事情都可能发生；另一方面，世界上各民族的神话却存在着无法解释的相似性。这种相似性用荣格所谓的原型是解释不通的。因此，必须找出它们相似性的真正原因。斯特劳斯认为，神话故事中真正起主导作用的是它的作用单位，这些作用单位可以称之为“神话素”（mythemes），就如同语言学家所论述的语音素一样。他的方法是首先找出某一神话的所有变体，然后把它的最小意义构成单位即神话素抽离出来，并研究它们之间的关系。神话既可以按照其重复的神话素进行历时性的解释，也可以进行共时性的解释。

他认为，神话像语言一样，都是由一些“组成单位”构成的。那么怎样去发现神话中的这些组成单位呢？斯特劳斯所使用的方法就是把一个神话的故事情节拆散为一些尽可能短的句子，当然是那些能说明情节的句子，再把每一个句子记录在卡片上，卡片上同时写有和故事情节相应的数字。结果表明，每一个组成单位总是由一种关系所构成。他把这些“最短的语句”所组成的单位称之为“束”（bundles）。例如：“卡德摩斯（Cadmus）杀死巨龙”，“俄狄浦斯娶母伊俄卡斯忒”等等。在作了这样的分割之后，各种孤立要素之间明显的相似性，就可以把它们分类为各自独立的“束”。例如“卡德摩斯杀死巨龙”，“俄狄浦斯杀死斯芬克斯”，这样的要素就属于同一的“束”，因为它们两者都涉及杀死怪兽。按照斯特劳斯的看法，这种同样要素所构成的“束”，就是神话“真正的构成单位”。①“束”可以小到“肿脚”，在他看来，细节的相似正好说明神话是由一些“束”所构成的，例如俄狄浦斯神话就是如此：

---

① 列维-斯特劳斯：《结构人类学》，伦敦，1968年版，第211页。

卡德摩斯
寻找被宙
斯拐走的
欧罗巴

卡德摩斯杀死巨龙

厄喀翁兄弟互相残杀

拉布达科斯之父 = 跛子（?）

俄狄浦斯杀死拉伊俄斯

拉伊俄斯（俄狄浦斯之父）= 左蹁脚（?）

俄狄浦斯杀死
斯芬克斯

俄狄浦斯娶母
伊俄卡斯忒

厄忒俄克勒斯杀死他
弟弟波吕尼克斯

俄狄浦斯 = 肿痛的脚（?）

安提戈涅不顾禁令，埋
葬了其兄波吕尼克斯

左面的第一序列里，所有事件都与血缘关系有关，它们都过高地估计了血缘关系；第二序列则颠倒过来，过低地估计了血缘关系。第三序列是杀死怪物。第四序列则表现出一个共同特征：即行走和站立的困难。那么，右面这两个序列之间又是什么关系呢？第三序列是指杀死怪物，为了使人能够从泥土里生长出来，必须把巨龙杀死；斯芬克斯是厌恶人类生存的怪兽也必须杀死。第四序列的意义则是指从泥土中生长出来的人类有一个普遍的特征，他们不能行走或只能摇摇晃晃地行走。所以他们都像跛子。这就产生出一个重要的结论：假如一个神话由它所有的变体所组成，那么结构分析就应该把它们全部考虑进去。

斯特劳斯继续推测神话的构成单位总是成双成对的。例如，在俄狄浦斯神话中，可以看到对人类土生土长起源的否定；而在另一些神话中，则可以看到对人类土生土长起源的肯定。这些构成单位都是二元对立的：生/死；雄/雌；妻住夫家/夫住妻家；生食/熟食等等。斯特劳斯认为，这种神话的结构能使它的意义更加清晰。在对俄狄浦斯神话的解析中，他把它分成四个构成单位和两个对立原则，即“对人类土生土长的否定/对人类土生土长的肯定”；“过分轻视血缘关系/过分重视血缘关系”。

他说：“我并不想说明人怎样借神话来思维，倒是神话怎样借人来思维而又不为人所知。”① 在《野性思维》中，斯特劳斯把“修补匠”的概念引入了神话研究，认为正因为神话是由许多不同的构成单位所组成，它就像是一些钟表的零件，可以由修补匠来进行拆卸和重新组装：神话“正像‘修补术’一样，使一组组事件分解和重新组合，并把它们用作结构模式的许许多多不可破坏的零件，在结构的配置中这些零件轮换地被用作目的和手段”。②

十、神话是对原始本体论的一种揭示

米尔恰·埃利亚代（Mircea Eliade）说过：一个真正的神话必须具有两个显著的特征：第一，它叙述的故事必须发生在原始时代；第二，它必须涉及某些事物的起源，涉及某种事物是怎样被创造出来的。神创造的事物可以是整个的现实，整个的宇宙，也可以仅仅是某种人类的行为或某种制度。一个神话所描述的事件只有当它能追溯到产生它的原始事件时，才能被作出解释。神话作者希望它的听众能够相信它是真实的，例如开天辟地的宇宙神话是真的，因为世界的存在本身就是一个例证。神话中关于死亡的起源也是真的，因为人必死的

① 列维-施特劳斯：《神话学：生食与熟食》，巴黎，1964年版，第20页。

② 列维-施特劳斯：《野性思维》，中译本，1987年版，第42页。

命运已经证实了这一点。其他一切都可以照此类推。①

埃利亚代认为神话有一种模仿原型的倾向：神话的每一个例子都揭示一种原始的本体论概念，一种事物或一种行为只有在模仿一个原型时才是真实的。换言之，只有当他不再是他自己时，他才成为真正的自己。这种原始的本体论有一种柏拉图式的结构，在这种意义上，可以说，神话作者是一个具有“原始智力”的哲学家。②

由于古代世界并不能在理论的语言中得到说明，因此，符号、神话和祭礼仪式就在不同的维度上对古代世界作出说明。所有对符号、神话和祭礼仪式的本质的理解都可以转化为我们所习惯的语言，并用它们来组成一个形而上学的体系。③

一些由哲学家们创造出来的概念，诸如“存在”、“非存在”、“现实”、“非现实”、“形成”、“虚幻”这类术语，在澳大利亚人（Australians）、美索不达米亚人（Mesopotamians）那里都是不存在的。但是，即使术语不存在，“物”却是存在的，它们是可以被“说”出来的。正是通过神话和符号，它们在一些不连贯的方式中被揭示了出来。如果我们观察古人的行为，我们就会对一些事实感到震惊：一块石头无缘无故地变成了一块圣石，因为它和某种神话思维相联系，这块石头就变成了某种神秘力量的储存器，并具有了特殊意义。随着环境的不同，它可以是祖先灵魂的寓所，例如在印度和印度尼西亚；可以是神灵显现的一种道具，例如在《圣经》中，它是雅各（Jacub）的一张床；它还可以是接受祭献的神圣对象。④ 希腊和罗马的酒神节，回响着一种神话的原型。按照古人的神话，每一条大河都在星座上有它的原型。按照美索不达米亚人的神话，底格里斯河（Tigris）在阿努尼塔星座（The Star Anunit）上有它的原型；幼发拉

① 米尔恰·埃利亚代：《神话与现实》，伦敦，1964年版，第5~6页。

② 米尔恰·埃利亚代：《宇宙和历史：周而复始的神话》，纽约，1959年版，第34页。

③ 米尔恰·埃利亚代：《宇宙和历史：周而复始的神话》，纽约，1959年版，第3页。

④ 米尔恰·埃利亚代：《论宗教的历史》，巴黎，1949年版，第191页。

底河（Euphrates）在燕子星座（The Star of the Swallow）上有它的原型。在乌拉尔—阿尔泰人（Ural-Altaic）的神话中，各种山在天上都有它们的原型。①

在古代波斯琐罗亚斯德教的神话中，奥尔玛齐（Ormazd）创造了原始的牛埃瓦加斯（Evagdāth）和原始的人加霍曼特（Gajō mard）。按照伊朗人的神话传统，所有宗教节日也都是由奥尔玛齐创造出来的。在这种创世神话中，创世活动进行了一年。在这一年的时时里，所有宇宙状态都在空间中产生了。天空、水、陆地、植物、动物和人，是分别创造出来的。人类和宇宙是同时产生的。在创造了一种事物后，奥尔玛齐都要休息五天。这样，也就创造了琐罗亚斯德教的主要节日，在这种节日里，要重复神的创世活动。伊朗人认为在这种节日里，人类可以重新回到开天辟地的创世时代。②

在伊朗和伊拉克曼达派（Mandaeans）教徒的新年节日中，也可以看到创世活动的符号化再现。在波斯的塔塔尔人（Tatars）中，植物的种子和泥土被储藏在一个陶罐中，他们认为这样做是对创世活动的一种追忆。这种让种子发芽的习俗总是和春天的来临和农耕的祭礼仪式密切相联的。③

美洲的纳瓦霍人（Navajos）相信背诵创世神话能够医治疾病。无论是一个心灵受到创伤的人，还是一个在梦境中受到惊吓的人，只要在一定的仪式中，倾听创世神话的背诵，他的健康就能恢复。④ 这

① 米尔恰·埃利亚代：《宇宙和历史：周而复始的神话》，纽约，1959 年版，第 6 页。

② 米尔恰·埃利亚代：《宇宙和历史：周而复始的神话》，纽约，1959 年版，第 22 页。

③ 参见 E. S. 德劳尔（E. S. Drower）：《伊拉克和伊朗的曼达派教徒》，牛津，1937 年版，第 86 页。转引自米尔恰·埃利亚代：《宇宙和历史：周而复始的神话》，第 63 页。

④ 哈斯顿·克兰（Hasteen Klan）：《纳瓦霍人的创世神话》，载玛丽·C. 惠尔赖特（Mary C. Wheelwright）：《纳瓦霍人的宗教丛书》，第 1 卷，圣菲，1942 年版，第 19 页。

类治病仪式有时还陪伴着画沙画。纳瓦霍人的沙画有着复杂的符号，它们代表着创世神话中不同的阶段。倾听宇宙神话的背诵并观赏沙画，一个病人就会回到创世时代，回到世界的起源阶段，这也是宇宙起源的一种证明。在画沙画的同一天，病人要进行沐浴，他被看作是再一次开始了他的生命。①

在澳大利亚尤因人（Yuin）的神话中，天父达拉姆罗（Daramulun）发明了所有的工具和武器，这些工具和武器一直沿用至今。同样，澳大利亚的库尔奈人（Kurnai）认为是蒙盖-恩加神（Mungan-Ngaua）创造了世界，并教会了人类怎样制造工具、船只和武器。“事实上，是神教会了他们所有的技艺。”②“达拉姆罗是远古时代澳大利亚神话中的文化英雄，他也是巫医从他那里获得超自然力量的源泉，这种力量还可以置敌人于死地，它可以在天空中遨游，也可以进入鬼魂的领地。蒙盖-恩加神是澳大利亚的库尔奈人的文化英雄，他教给人们怎样去制造渔网、工具、独木舟和武器。”③

在埃利亚代看来，月亮神话在所有神话中占有重要地位是有原因的。对原始人而言，月亮的盈亏代表着死亡和重生。在所有神的创造物中，最早死去的是月亮；最早复活的也是月亮。月亮神话的重要性就在于它在涉及死亡、复活、重生、成人礼仪式时所显示出来的连贯性。月亮神话能揭示出“永恒的轮回”。在许多古代民族中，月亮被看作是测量时间的尺度。例如，在拉丁语中，“月”为 mensis；而“测量”则是 mē tior，很显然，它是从 mensis 转义而来的。早在太阳年产生前，月亮就把时间结合为一个整体，即“月”；同时，月相，无论是新月初显，还是满月、月亏、消逝，以及接连三夜不见，而又重新出现，人类最早的周期性观念就是从它那里来的。对某些神话体

① 转引自米尔恰·埃利亚代：《宇宙和历史：周而复始的神话》，纽约，1959 年版，第 83～84 页。

② 转引自米尔恰·埃利亚代：《宇宙和历史：周而复始的神话》，纽约，1959 年版，第 32 页。

③ 埃杰顿·赛克斯（Egerton Sykes）：《非古典神话辞典》，伦敦，1968 年版，第 57、146 页：“Daramulun”条和“Mungan-Ngaua”条。

系所作出的层理学（stratigraphic）分析都能揭示其月亮的特征。它的周期性循环不仅能揭示出时间的间隔，而且能扩大为时间周期的一种原型。事实上，人类的诞生、成长、衰老、死亡都可以被认为和月亮的周期循环相等同。在原始人那里，它直接导致了一种乐观主义的推断：正如月亮的消逝决不意味着最后的消逝，随之而来的必然是新月的诞生，因此，人的死亡也决不是最后的死亡。①

在神话中，我们甚至可以追溯到“亵渎”行为的原型，而古人对这种“亵渎”，却是毫无觉察的。在古人看来，无论是狩猎、捕鱼、农耕、游戏、争斗和性行为都在某种方式上显示出神意。以舞蹈而言，所有舞蹈都源于神性。换言之，它们都有一种超人性的模式。在某些情况下，它可以是对图腾动物的一种模仿，舞蹈者的目的就在于通过巫术去召唤动物的出现，或增加它们的数量，或达到与人的互渗。在另一种情况下，这种模式可以通过神性来展现。例如古希腊的出征舞，据说是由雅典娜（Athena）创造出来的战神舞（martial）演变而来的；忒修斯（Theseus）在迷宫（labyrinth）创造的舞蹈，或是为获得食物而舞；或是为向死者致敬而舞；或是为保证宇宙有一个良好秩序而舞，无论它是模仿一种图腾动物的动作还是模仿一个星体的运动，它都是想模仿一种神话时代的原型。②

在埃及神话中有奥西里斯（Osiris）和塞特（Set）这两大集团的争斗。古人并不认为这是一种“亵渎”行为。神圣化有时也就是“神圣”和“亵渎”同时并存。③

还有人认为，神话是一种诗的形式，它又在它所宣布的真理中超越了诗，它是一种超越推理的推理形式，在这种形式中，它希望把它所宣布的真理带入存在。神话是一种行为方式，一种祭礼仪式的行为

① 米尔恰·埃利亚代：《宇宙和历史：周而复始的神话》，纽约，1959年版，第86～87页。

② 米尔恰·埃利亚代：《宇宙和历史：周而复始的神话》，纽约1959年版，第27页。

③ 米尔恰·埃利亚代：《比较宗教中的模式》，伦敦，1958年版，第14～15页。

方式。我们只能在一种真理的诗的形式中去发现它的内涵。所有早期人类总是为他自己的直接知觉所纠缠，在他看来，所有白昼和黑夜、季节和年，都明显是由太阳来控制的。世界究竟是怎样产生的？北非的希卢克人（Shilluk）的看法和古埃及人的看法十分相似：世界是由创世者尤-乌克（Ju-ok）创造出来的，他先创造了一只白色的母牛，白牛又生下了希卢克人最早的祖先库拉（Kola）。

原始人的思维并不完全是自发的，他们对这个“生命对抗生命”的现象世界采取一种严肃态度。他们用“因”“果”去表现他们的情绪化了的思想（emotional thought）。对原始人而言，没有理由认为在梦中见到的事物要比醒时见到的事物缺乏现实性，相反，梦经常向他提供比日常生活更奇妙的东西。古代巴比伦人像希腊人一样，喜欢在一个秘密的地方睡觉，去寻求在梦中接受神性的指导。①

神话思维所能发现的因果关系，其实只是一种思想与思想之间的联系。甚至一些在时空上明显矛盾的事物也可能被建立起一种相似性的联系；某一事物发生变化的原因可以在另一种事物上找到答案。任何两件事物都可以建立起因果关系：谁在前，谁就是因；谁在后，谁就是果。这里不存在任何一种逻辑的关联。古埃及人和现代的毛利人（Maori）对天与地怎样分离的看法完全一样，他们都认为天本来是躺在地上的，后来，它一直往上升，一直升到今天我们所看到的那样。在新西兰神话中，天地是被它们的儿子分开的；在埃及是被空气神分开的。对这种分离的神话解释都很简单：那就是谁的存在在先。时间再一次被用来作为解释这种变化的唯一方式，而没有对分离本身作任何解释。②

（本文原为《原始文化研究》中的一节，收入本书前，进行了修改。）

---

① 亨利·法兰克福（Henri Frankfort）、H. A. 法兰克福（H. A. Frankfort）、约翰 A. 威尔逊（John A. Wilson）、托基尔·雅各布森（Thorkild Jacosen）：《哲学之前》，鹈鹕丛书，1954年版，第17～19页。

② 亨利·法兰克福、H. A. 法兰克福、约翰·A. 威尔逊、托基尔·雅各布森：《哲学之前》，鹈鹕丛书，1954年版，第27页。

19 世纪以来西方对艺术起源问题的研究

一、进化论与艺术起源问题

对艺术起源问题的探讨，那种真正严格意义上的科学探讨，是进化论取得胜利的直接成果之一。从狭义方面来说，进化论是与基督教的创世说作斗争，从广义方面来说，它也是与中世纪认为万事不变的形而上学观点作斗争。进化论的胜利，赢来了各门学科的思想大解放。在 19 世纪的上半叶，人类历史会超过几千年的可能性还很少被考虑到。在欧洲各地的古代河流堆积层中虽曾发现过猛犸象和其他灭绝动物的遗骸，可是这些古生物的证据反而被居维叶用来作为支持上帝曾有几次生物特创的证据。而在进化论与特创论的辩论过程中，进化的思想已在许多学科中悄悄地发生作用，它渐渐被许多不同领域里的思想家所接受，并被称为那个时代“关键性的概念”。它不仅被应用于动植物和人、银河系、社会体制等等，而且也被应用到包括艺术在内的各种文化的领域。英国著名考古学家戈登·柴尔德（Gordon Childe）曾正确地指出：考古学引起了历史科学的根本性变革，其程度无异于天体望远镜为天文学所开拓的视野，考古学数百倍地为历史扩大了对过去的展望。但是柴尔德显然忽略了任何上帝创世说的信徒都在本质上是和望远镜相敌对的①。所以这与其说是考古学的胜利，还不如说是进化论的胜利。而当1893年格罗塞在写他的《艺术起源》时，进化论早已在整个欧洲确立了它的地位，差不多欧洲的大城市都建立了人类学博物馆，有不断增加的、来自世界各偏远地区的原始部族的生活状况的报道以及他们所创造的艺术作品，这才使格罗塞写成了他的这本名著。而在进化论取得决定性的胜利前，人类学是不存在的。

进化论对艺术起源问题所发生的巨大影响，一个欧洲艺术史家曾作过这样的表述，这位艺术家在谈到“艺术发生的日子”时说：“在一百多年以前写起这个问题来也许是非常容易的，但在今天也许是难的。因为在一百多年前，艺术史几乎就像圣经的年表一样的简单。詹姆斯·厄谢尔（Jameo Ussher）主教已告诉我们上帝创造世界的时刻是公元前4004年，如果我们感兴趣的话，他还很乐意告诉我们这一天是一月二十八日，星期五。在一百多年前，我们就得无可争辩地接受这种说法。”②

为什么要说上帝创世说被粉碎以后，艺术起源问题反而变得复杂了呢？因为只有当人们面对可靠的历史材料时，在实际阐明这些历史材料时，真正的困难才会开始出现，而上帝的创世说则把一切困难问题都简单化为一个神圣的光圈，从科学的观点上看，这个光圈过去是，现在仍然是正好等于“0”。

尽管达尔文对于动物有美感的看法，关于野蛮人的美的观念较之某种下等动物（例如鸟类）还要更不发达的看法都是错误的，但是

---

① 1610年8月19日，伽利略给哥白尼的继承者J. 开普勒（1571~1630）的信上说当时的经院哲学家们甚至向望远镜里面望一下都不愿意：“他们像毒蛇一样顽固，尽管邀请他们上千次，可是他们对星辰、月亮、甚至对望远镜本身，连看一眼都不愿意！的确，这种人的眼睛对于真理之光，是闭而不视的！”见《开普勒全集》，法兰克福，1858~1871年版，第7卷，第290页。

② H. W. 房龙（H. W. Van Loon）：《艺术》，纽约，1937年版，第14页。詹姆斯·厄谢尔主教又写过一本《从时间的开始来推演出世界的编年》的书，认为上帝创造世界的时刻，是在公元前4004年10月23日，星期天。

这场伟大的革命性变革却是由他所发动的，因此到了19世纪的最后三十年间，就出现了大量论述关于艺术起源及其发展过程的论文和专著。只要人类的历史一旦被认为是渐渐从野蛮状态中摆脱出来而达到了近代的文明，那么自然而然，艺术的发生与发展的历史也被认为是与人类的这种发展过程相一致的。当时许多人类学家都非常重视人类文化的初始阶段与原始艺术的联系。不仅数以万计的原始工具被分门别类地加以研究，而且许多带有简单刻痕的原始工具已受到特别的重视，人们希望从那些简单而又难解的符号中去追寻人类审美能力的最早起源以及那隐藏在符号后面的艺术推动力。尽管当时的一些著作所论述的问题是分散的，有的仅仅涉及某一现代原始部族的某一种艺术，有的仅仅涉及某一特殊艺术形式的媒介手段，有的仅仅涉及艺术在发生时，它的创造者可能有的心理状态等等，但这些分散的、从各个不同角度运用进化论观点来探讨艺术起源问题的尝试加在一起，就构成了一股巨大的力量。许多人都热切地希望能在自己所熟悉的那个领域中去为进化论寻找根据，用以反对特创论和退化论①。

1857年，赫伯特·斯宾塞（Hebert Spencer）出版了他的一本著作《进步，它的规律和原因》，在这本书中他详细地探讨了艺术发展中的某些问题，认为艺术是和它愈来愈复杂的规律相一致的，艺术发展的历史被认为像工艺学、宗教、哲学、科学乃至社会制度一样，都是文化发展的一部分，是文化发展的重要标志。甚至近代那些最优秀的艺术作品也只是原始艺术的子孙。按照他的看法，艺术复杂性的增加是一种从同质（homogeneous）到异质（heterogeneous），从不明确到明确的变化。认为艺术史所展现的既有统一的进步，又有分别的进步。它的发展与工业发展的情况相似：从粗糙而简单的小型工具发展到完美、复杂的大型机器。

斯宾塞的这种艺术进化论有许多著名的信奉者，如法国的丹纳，德国的格罗塞，英国的哈登（A. C. Haddon）等。这种理论尤其得到

---

① 退化论者认为：现代尚存的原始部族，是在很早以前曾经登上过文明高峰的社会群的退化后裔，由于天灾，才使他们陷于愚昧状态。

一些人类学家和考古学家的支持，把它看作为一种能解释艺术起源和艺术早期发展的新方法。文化艺术的发展被认为像在生物学中一样，继续了漫长的历史时期，一代一代地进化的。丹纳甚至说：“美学本身便是一种实用植物学。”① 在斯宾塞的时代，康德美学尚据压倒优势，虽然康德在晚年实际上也倾向于进化论，尤其是他对人类学问题的看法，但是在《判断力批判》中，他的艺术观点是和进化论有很大区别的。在他看来，艺术技巧是不能传授的，它直接受之于天，因而人亡技绝，就得等待大自然再度赋予另一个人以同样的才能。在18世纪，倒是某些英国的美学家在他们的理论中带着某些预示未来生机的倾向。例如在爱迪生、休谟、柏克、荷迦兹的理论中，都倾向于一种艺术的自然论。包括它的心理学上和社会学上的因素。而斯宾塞则是把18世纪的发展论（theory of progress）和19世纪的进化论组织成了一个连续的体系。到19世纪末，许多研究者都从一种进化观点去述及艺术。例如戴维·比戴（David Bidney）说：“文化是从一种原始状态发展到近代文明的，这是毫无疑问的。”② 戈登·柴尔德曾经指出，在文化的发展与有机体的发展之间的类似应该有某些界限，但他也认为：“这并不否认文化的发展，某种修改了的达尔文主义的‘变化、遗传、适应和选择’的公式的确可以从有机体移植到社会发展的领域中来，甚至在后者的领域内更容易为人所理解。”③ 美国的人类学家 E. A. 霍贝尔（E. A. Hoebel）也接受了斯宾塞的公式，认为文化是“从简单到复杂，从同质到异质的推移”④。

这样的一种艺术进化论的观点，其结果必然会导致对艺术起源问题寻根究底的强烈兴趣。斯宾塞本人已经对艺术以及它的某些历史有着极大兴趣，并对音乐、舞蹈、绘画、雕塑、戏剧、文学的发展都曾发表过一些精湛的见解。像19世纪其他进化论者一样，他把史前原

① 丹纳：《艺术哲学》，中译本，第11页。

② 戴维·比戴：《理论上的人类学》，纽约，1953年版，第282页。

③ 戈登·柴尔德：《社会的进化》，纽约，1951年版，第175页。

④ E. A. 霍贝尔：《原始世界中的人们》，纽约，1958年版，第615页。

始时代的艺术和现代原始部族的艺术看作是研究的主要对象，是现代文明和原始蒙昧之间联系的桥梁。为了对这样的问题进行专门的科学探讨，以及为了一种新的“艺术科学”，德国弗赖堡的人类学家格罗塞在 1893 年发表了他的名著《艺术的起源》，呼吁要给原始艺术以最大的注意，不仅因为原始艺术在文化发展中起着重要的作用，而且它相对地说比较单纯，容易作为科学研究的对象。他勾画了一个艺术科学的轮廓，包括它的目的、方法和界限。该书不仅考察了他那个时代已经发现的大量现代残存的原始部族的艺术，而且偶尔也涉及史前艺术的例子。在今天看来，这本书的缺陷是涉及史前艺术的材料太少，因为格罗塞有一种看法，认为“艺术科学的研究不应该求助于历史或史前时代的研究，而应该从人种学着手”。① 这样，他实际上也就失去了柴尔德所说的那种“望远镜”。格罗塞努力把艺术史和艺术哲学联系起来，认为艺术史的知识本身并不就能成其为艺术科学，除非能把各种事实按照逻辑的关联组织起来。因此，第一步就是去收集所有原始艺术的实例；第二步则是去比较它们在审美特征上的差别，去掌握原始艺术家企图去传达的特殊意义和感情，并且去弄清楚这些艺术作品对艺术类型的发展以及对整个文化发展的意义。

斯宾塞的艺术进化学说直到 20 世纪初仍有极大影响。马克斯·德索（Max Dessoir），这位现代德国美学的领导者，在 1927 年下结论说：在科学和朝向历史的艺术观点之间“没有根本性的冲突”②。他在反对达尔文所说的动物有音乐感的同时，正确的指出了在原始音乐和现代音乐之间可以“追踪到一条完整的线索”去表示出它的发展。

当然，并不是所有的艺术史家或人类学家都拥护艺术进化的理论。有人认为这种理论只不过是从生物学那里借用过来的概念，想依此来说明文化发展类似于有机体的进化是不正确的。他们认为正确地说应该是生物学把社会发展的概念应用于有机体发展的现象，而倒过

① 格罗塞：《艺术的起源》，中译本，1984 年版，第 17 页。

② 马克斯·德索：《艺术史和艺术的系统理论》，载《美学与艺术批评杂志》，1961 年秋季号。

来说是不行的。此外有些艺术家也不喜欢艺术进化的概念，认为它忽视了个人的艺术创造性，从而可能把一些伟大的艺术家描绘成巨大文化史洪流中的一粒微不足道的砂石。

斯宾塞等人在文化史方面所作的努力，它的作用就主要方面是积极的，至少引起了人们对原始艺术以及它所暗示的艺术起源问题的巨大注意，为把美学理论中的一个至关重要的问题——艺术起源问题的研究建立在历史事实的基础上开创了一个很好的先例。相形之下，黑格尔所说的“艺术起源是艺术理念本身所产生的结果”就不能不显得非常空洞。他不只是被那个理念弄糊涂了，而且他根本不可能知道有史前艺术的存在。因为在黑格尔逝世后的二十五年，即 1856 年，才在黑格尔的祖国尼安德特（Neanderthal）的山谷中第一次发现尼安德特人的骸骨，在他逝世后的四十八年，即 1879 年，才在西班牙首先发现史前的洞穴壁画。因此他只能够说，“史前时代的一种人民……终于被时间的威力所淹没掉，没有留下任何史迹”①，这在当时只能如此，因此黑格尔的《美学》第二卷虽有大量篇幅涉及艺术起源问题，但他不能不以古埃及的金字塔来作为开始。

芬兰学者于尔约·希尔恩（Yrjö Hirn）在《艺术的起源——一个心理学和社会的探索》（以下简称《艺术的起源》）中进一步发挥艺术受社会因素影响的理论。他认为虽然在艺术中存在着一种纯粹的审美冲动，艺术并没有外在目的，但许多外在的力量仍然在影响着它。这一点在原始艺术中尤其明显，包括装饰、舞蹈、戏剧都是这样。希尔恩说，艺术有一种可以实证的社会作用去促使人们加强他的愉快或悲痛的情感经验，它有一种情绪镇静剂的作用去使得那种过分激烈的情感平静下来，他跟随亚当·斯密斯和斯宾塞，强调艺术的价值在于它是一种交流情感的手段。

① 黑格尔：《美学》中译本，1979 年版，第 2 卷，第 33、198 页。

二、探索艺术起源的三种途径

早在17、18世纪，有些欧洲的航海家就对地球作过系统的探险，这不仅对科学发展有很大影响，而且也成为当时一些小说家的题材。笛福的《鲁滨逊飘流记》，斯威夫特的《格列佛游记》，以及其他一些对现实社会不满的作家，都写过不少书籍去歌颂遥远荒岛上的乌托邦以及在那里生活着的善良的野蛮人。在浪漫主义的文学中，“高尚的野蛮人”和人类蒙昧时期的所谓“黄金时代”构成了一种新的题材，随着人类学的出现，尤其是摩尔根学说的深刻影响，对“野蛮人”以及他们的艺术引起了广泛的兴趣。这样，“史前时期”也就变成了一项最遥远而又最新鲜的研究课题。到20世纪初，对艺术起源问题的探讨就逐渐形成了三种相互区别又相互联系的途径。其一，从现代残存的原始部族的生活状况以及他们的艺术来着手；其二，从史前时期遗留下来的艺术痕迹，尤其是洞穴艺术来加以研究；其三，通过对儿童艺术心理学的研究去推测艺术起源的心理因素。现在分别介绍一下。

从现代残存的原始部族生活以及他们的艺术来着手研究是有充分理由的。恩格斯曾把现代残存的原始部族称为“社会的化石”①，它可能为史前时代的生活以及当时的艺术提供一种类比。而在大量史前艺术痕迹业已消失的时候，这种类比几乎是不可缺少的。尤其在诗歌、音乐、舞蹈这样一些以语言、声音、人体为媒介的艺术形式中，我们事实上已不可能获得史前时期的直接证据，因此只可能根据现代残存的一些原始部族的艺术来进行推测。如果没有这种推测，那么在上述的这些艺术领域里，对它的起源的探讨就会因缺乏实证而成为空白。威廉·基德（Willian Kight）说：“要对旧石器时代艺术状况下一个明确的结论是非常困难的。诗的起源问题正如音乐和舞蹈的起源一样，早已消失在人类自身发展过程的迷雾中了。因此我们只能去研

① 《马克思恩格斯全集》，第21卷，第42页。

究我们时代野蛮人的生活现象并以此来推论处在史前时代的那些种族的状况，这可能还是一种安全的立场。”① 当代美国著名美学家托马斯·芒罗（Thomas Munro）说：“甚至把现代原始部族文化看作是和史前文化相同的东西，这种错误也只是一种程度上的错误。强调这两者之间的共同点，这在当时看来是理所当然的，就是在今天看来，史前文化和现代原始部族文化之间也仍然有一种外表的相似，例如缺乏书写，金属工具，科学，机械，城市生活和交响乐，管弦乐等等。在某些地方，现代的原始部族还非常接近于史前的祖先。19 世纪的进化论者也并不认为它们在所有方面都相似。……而现在，绝大部分的原始部族的文化已经吸收了许多它周围的文化特征。”② 虽然马克斯·德索不同意把现代残存的原始部族文化和史前文化等同起来，说：“我们未能从现存的一些原始部族中发现与史前时代原始人使用过的艺术表现相类似的表现形式。即使这些部族生活在同样条件下，那些生气勃勃的、欢快的年轻部族和那些停滞的、没落的、中断了任何发展的部族之间在情感的表达方式上仍然有着很大的差别。”③ 但是他在具体论述艺术起源问题时，尤其在谈到文身、舞蹈、歌唱这些原始的艺术形式时，仍然不得不援引大量来自现代原始部族中的艺术例证。

认为对现代原始部族艺术的研究有助于对艺术起源问题的研究是建立在这样的一种信念上的：即在现代文明民族那里，由于技术进步以及政治、经济各方面的影响，艺术与产生它的社会背景的联系以及这种联系的原始性质已大大地模糊了。所以一个部族离开文明社会愈远，也就愈能提供接近于史前时期艺术在萌芽状态的那种真实背景。而这些生活在原始状态的部族在 19 世纪末还遍布于地球的各个角落，从太平洋各岛屿直到密西西比河岸，从波罗的海到希腊群岛都可以找

---

① 威廉·基德：《美的哲学》，伦敦，1904 年版，第 117 页。

② 托马斯·芒罗：《艺术的发展及其他文化史理论》，纽约，1963 年版，第 167 页。

③ 马克斯·德索：《美学与艺术理论》，底特律，1970 年版，第 252 页。

到他们的足迹。并且由于他们的生活方式也并不相同，因此对他们游戏、劳动、巫术、艺术之间的错综复杂关系的考察，从中引申出来的规律性的现象将具有普遍的意义。例如像舞蹈和哑剧这种艺术形式差不多在许多不同的原始部族中都有发现。南美的印第安人，马来人（Malay），毛利人（Maori），以及其他一些原始部族都为这些原始的艺术形式提供一些规律性的例证。又如爱斯基摩人，差不多在西伯利亚到格陵兰之间的北极圈周围生活了四千年之久，他们的生活基本上是人类第四纪元年可能过的生活。几千年以来，爱斯基摩人都在石头和骨头上进行雕刻，他们的艺术被认为和史前的原始艺术一样，具有一种强烈的原始狩猎生活的真实感。①

格罗塞的《艺术起源》就是利用当时人类学家对现存原始部族文化的考察材料写成的。他指出了原始部族的审美能力的发展是和他们当时物质生产发展水平直接相联系的：狩猎部族由自然界得来的画题，几乎绝对限于人物和动物的图形，他们只挑选那些对他们有极大利益的题材。猎人们由于把采集植物看成是下等的工作而交给了妇女们去做，这就是在他们的装饰中见不到植物题材的原因。他认为从狩猎生活过渡到农耕生活的象征就是从动物装饰到植物装饰的转变。因此得出结论说：原始部族大部分艺术作品都不是从纯粹的审美动机出发，而是和实用目的联系在一起的，审美的要求即使有也只是满足次要的目的而已。

普列汉诺夫于 1899 ~ 1900 年写成的《没有地址的信》，可以看作是格罗塞这一探索方向的继续。他也是依靠了当时人类学所提供的材料分析了原始艺术的起因。认为在原始部族艺术中最明显地表现了物质生活条件对人的思想影响。任何民族的艺术总是和它的经济生活有着密切的因果关系，所以狩猎部族、游牧部族和农耕部族的艺术是

---

① 当代加拿大艺术家 J. A. 豪斯顿在《爱斯基摩人的雕刻》一文中提到，爱斯基摩人认为“如果一个人能细腻地描绘出所要猎取的动物，好运气就会不可思议地降临到他身上”。这样的一些思想是十分有趣的。这和用巫术说去解释史前洞穴壁画的起因几乎是完全一致的。

完全不同的。

普列汉诺夫还分析了原始部族中美感的起源。认为野蛮人用猛兽身上的皮、爪、角、齿来装饰自己时，是想暗示自己的灵巧和有力，因为谁战胜了灵巧的东西，谁自己就是灵巧的人。只是到了后来利爪成了勇敢、灵巧和有力的标记，所以开始引起审美的感觉。他还指出，在文明民族那里，生产技术给予艺术的直接影响要少见得多，这个事实好像是反对唯物史观的，其实正是唯物史观的辉煌证实。在艺术与宗教的关系上，普列汉诺夫指出："如果原始宗教具有社会发展因素的意义，那么这种意义完全植根在经济之中。"① 正因为如此，那些表明艺术是在强烈的宗教影响下发展起来的事实，一点也不破坏唯物史观的正确性。

普列汉诺夫曾多次提到原始艺术与劳动的关系，指出了原始音乐中的节奏与劳动工具之间的直接联系。值得注意的是这种艺术在起源阶段上和劳动的关系不只为普列汉诺夫以及他所引述的卡·毕歇尔等人所指出，而且也为其他的一些美学著作所论及。

希尔恩根据未开化民族的各种艺术为素材，在《艺术的起源》一书中就有专门的章节论述艺术与劳动的关系。他说："这一点是意味深长的：劳动的歌和舞蹈最典型的例子可以在大洋洲的部族那里遇到。岛国的生活甚至在其他方面也是对艺术发展有利的，那里个人与个人之间需要一种最亲密的合作，例如，由于划船的动作需要按照同一的和固定的节奏来加以调整，因此那里的划独木舟舞和造船歌得到了发展。同样的需要当然就产生出同样的结果，差不多在所有原始公社那里，生活方式造成了集体活动的必需。而在以牧畜为生的部族中，艺术的表现形式就不会造成这样重大的作用，因为在畜牧部族中，个人之间即使没有互助，也能工作得很好。"② 他还指出，在达荷美（Dahomey 现名贝宁）、古代的秘鲁，中古时的欧洲那样比较发展的地方，由于劳动分工导致了一些特殊的技艺，这些技艺经常成为

① 普列汉诺夫：《论艺术》，中译本，第105页。

② 于尔约·希尔恩：《艺术的起源》，伦敦，1900年版，第259页。

哑剧（Pantomimic）加以叙述的题材。即使那样的一些哑剧并没有一种劳动实习的意义，但由于它导致了劳动和娱乐之间的联系，使得沉重的劳动变得不那么令人讨厌。作者还认为在现代工业被建立以前，被生存斗争的需要所唤起的努力多多少少由于艺术的帮助而变得比较轻松了。他引用了一些例子来说明重要的并不在于在游戏或艺术中对劳动的摹仿，而在于那些伴随着实际的劳动操作而产生的审美活动，例如关于节奏，他指出了“劳动的协作将被歌唱和舞蹈的节奏因素所影响。”并认为原始艺术中的节奏感，它的审美作用的发展首先是通过它的实用方面的利益而进步的。①

此外，沃拉斯切克（R. Wallaschek）在对原始音乐的研究中，已经下结论说在原始人的生存斗争中，节奏是作为助长人与人之间合作的强有力的手段而出现的。他指出在歌唱和舞蹈中对节奏的严格遵守，这种能力假如没有得到集体活动的促进，那么它就不可能在原始部族中达到那样较高程度的发展。而且，音乐的节奏感也同样有效地增进了原始人在战斗中的协作，音乐，特别是器乐在最低阶段上是和战争的关系非常密切的。②

梅森（Otis Mason）指出，当劳动的歌词涉及到劳动本身时，字句所暗示的效果就被加强了。许多歌都是在制造武器、工具、船只或诸如此类的劳动时才唱，它们有着一种巫术的目的。③ 原始人认为词本身就有一种巫术的性质，诗的巫术观念在很大程度上来源于对词所暗示的巫术力量的信赖。像在波利尼西亚（Polynesia）和古代的芬兰那样，认为造船歌被建造者加以朗诵或歌唱的时候，独木舟就会造得比较好。

当然，在对现代原始部族艺术的考察中，并不是所有的人的观点

---

① 于尔约·希尔恩：《艺术的起源》，伦敦，1900 年版，第 151、152、257、258 页。

② 参见沃拉斯切克：《原始音乐》，伦敦，1893 年版，第 87～91、99、100、104、111～113 页。

③ 参见奥蒂斯·梅森：《创造力的起源：对原始人工业的研究》，伦敦，1895 年版，第 150 页。

都和普列汉诺夫等人的观点相一致。例如威廉·基德说："原始部族的人们在某种程度上使他们的特殊的工作变成了一种艺术的工作。他们的目的与其说是为了实用，还不如说是为了美以及通过对美的创造而获得某种愉快。"① 马克斯·德索在谈到"第一次艺术活动的内部原因"时，列举了一系列的主张，诸如游戏的本能，模仿，为了表现和思想交流的需要，对形式的感受，吸引他人或恐吓他人的冲动等等。但是他在论述美与功利的关系时，似乎持一种矛盾的观点。一方面他说："那种认为美导源于实用的观点，就近似于这种想法，即认为整个审美和艺术的领域是由利益所引起的，并通过了一种长达几千年的净化过程。但是这种观点将会遇到很多困难。有时，它本身固有的价值要优先于实用的价值。例如在气候的温度还不到必须穿衣服的时候（气温是在冰河期之后才变冷的），衣服就是像装饰品或战利品那样被穿戴的。"但是在另一些段落，他又否认美是装饰的动力："文化水平处于十分低下的人们，他们总是感到比其他的生物还要被紧紧地束缚于他的环境，澳洲和波须曼人的渔猎部族和北极地区的居民都是这样的：艺术家甘心情愿地把自己的身体当作艺术活动的直接对象，首先把身体涂抹成可以更换也可以变化的装饰纹样，接着又用穿刺皮肤和黥墨的技术刻成不变的花纹，最后是可以移动的装饰和其他各种装饰。但是所有这三种装饰其实没有一种是服务于裸体着的身体的美，这种化妆艺术其实与美毫不相干。它作为一种装饰，原始人为之着迷是由于其他的一些原因，它吸引异性或威胁敌人，有些装饰还具有符咒的意义和保护性。"②

这样一些对立的观点实质上揭示了一个很重要的问题，那就是人类到底先有了美感而后才有艺术呢还是倒过来，先有了艺术而后才有美感？以为美感先于艺术的观点实际上还影响到某些美学史家的论述。例如沃莱（J. G. Warry）就曾说过："我们将首先涉及柏拉图，

① 威廉·基德：《美的哲学》，伦敦，1904年版，第60页。

② 马克斯·德索：《美学与艺术理论》，底特律，1970年版，第255、240页。

不仅因为他对亚里士多德来说在编年史上处于居先地位，而且也因为美感比起艺术鉴赏来是更为原始和更为基本的。"① 这样的一些对立的理论我们在后面谈到两种对立的艺术起源的理论时还要再度述及，我们有理由认为艺术比美感发生得早，因为这已经在考古学的领域内得到了充分的证实。

现在我们来讲第二种探索艺术起源问题的途径，即从史前考古学的角度对这一问题的解答所作的努力。这里，我们以发生在距今差不多一百多年前的一个传奇性的故事来作为开始。

1879 年夏，西班牙有个叫马塞利诺・特・绍图奥拉（Marcellino de Sautuola）的工程师为了在业余时间收集化石，决定再度来到阿尔塔米拉洞穴。该洞穴位于西班牙坎塔布连山脉的北部，他把一个五岁的女儿玛丽娅带在身边。他们来到了洞穴的一个低矮地段，它的洞口很低，以致没有一个大人愿意自找烦恼地钻进去检查，但玛丽娅却由于好奇心的驱使而进去了。她点燃了一支蜡烛，细细察看这神秘的地府，突然她感到了一阵极大的恐怖，因为她正好看到了一只直瞪瞪的公牛的眼睛。她由于恐惧而叫来了她的父亲。第一个史前洞穴艺术的宝库就这样偶然地被发现了。②

阿尔塔米拉洞穴是一个很大的洞穴，其总长度几乎有一千英尺，著名的所谓“大壁画”（Great Fresco）在它的顶部，是 46 英尺长的大型作品。有 20 多只旧石器时代动物的形象，包括 15 头野牛，3 只野猪，3 只母鹿，两匹马和一只狼的形象。有的动物全长四英尺到七英尺，比真实的原型还稍大一些，这种写“实”本身是极为有趣的现象。像鹿、野猪、野牛都是用多种色彩渲染过的。这些动物姿态自

① 沃莱：《希腊的美学理论》，伦敦，1962 年版，第 3 页。

② 1958 年牛津大学出版社出版的《世界艺术史》曾提到阿尔塔米拉洞穴壁画的发现是 1868 年而不是 1879 年，这种说法可能是错误的。据《大英百科全书》的说法，1868 年曾经有一个猎人在这个洞穴的顶部发现过它的一个洞口，但没有发现其中的壁画。最近，有专家根据玛丽娅晚年的自述，她当年跟随其父发现阿尔塔米拉洞穴壁画时是五岁，而房龙在他的著作中说她当时是四岁，这显然是错的。

然，有正在跑着的，有受伤了的，或是被追赶而陷于绝境的，是非常动人的。

H. W. 房龙在《艺术》一书中说："除非你自己亲眼看见这些史前人的作品，否则你就很难相信这些洞穴的居民作为一个描绘者，一个雕刻师，一个画师，一个普通的切削工具的使用者竟能取得这样惊人的成就。因为他们究竟还只是处在切削的阶段，还不是正式的雕刻，当你记起那时候还对金属的用途一无所知，而这些作品都是用锋利的燧石工具作成的时候，你就得承认他们所具有的天赋了。"①（这些原始壁画的轮廓线往往是用燧石工具刻成的，因此深深地嵌入了岩石的表面，再加上当时所用的颜料大都是矿物颜料，红色是铁的氧化物，蓝色是锰的氧化物，黄色和橙色则是铁的碳酸化合物，它们和动物脂物混合在一起，成为一种最耐久的绘画材料，能历经万年而不变。）

当这个贫穷的绍图奥拉向西班牙的科学界发表他和他女儿的这个不可思议的发现时，他竟被当作一个骗子而受到攻击，那些西班牙教授在检查了这些岩画以后，坚持认为它们决不可能是那些"野蛮人"所能画得出来的，因而反诬绍图奥拉雇佣了马德里的画家在那里画下的。（另一种说法是绍图奥拉曾得到马德里一位地质学教授的支持，他俩都坚持这些壁画的原始性质。1880 年由于这位地质学教授的帮助，绍图奥拉在一本小册子里首次复制了这些图画并公开发表，它被送到了里斯本的一个国际性学术组织，但那里的一些专家对此反应冷淡，这些史前绘画未经详细探讨就被匆匆断定是近代人的作品。有人曾推测它们最早也只可能是公元前 26 年到 19 年间，由一群罗马士兵在坎塔布连山脉一带随便画下来的。）这两种说法虽有出入，但一点是相同的，即在绍图奥拉生前这些岩画的原始性始终没有得到社会的承认，并且在相当长的时期内都没有传播到西班牙以外的其他国家中去。我们前面所援引的一系列重要的美学著作，包括格罗塞的《艺术起源》，希尔恩的《艺术的起源》，威廉·基德的《美的哲学的》

① H. W. 房龙：《艺术》，纽约，1937 年版，第 22 页。

等都没有提到阿尔塔米拉洞穴的发现，有理由认为他们当时都还不知道有这些岩画的存在。①

1888 年绍图奥拉去世，而同样性质的绘画却于 1895 年在法国多尔多涅地区的山谷中相继发现。现在这类艺术洞穴在欧洲已发现了近 200 个。这种考古学方面的空前发现对艺术起源问题的研究无疑是开辟了一条新的途径。马克斯·德索说："在主要之点上我们已离开了推测。当然，仅仅在空间艺术的范围内我们才能对艺术感觉的最早踪迹获得了真正的证据。在对史前洞穴的发掘中已经揭示了艺术在开始时的有形的装饰符号，某种集体性的艺术活动已经能在冰河期就开始了。"②

已发现的一系列的史前洞穴艺术，大都集中在法国的南部和西班牙的北部，少数与意大利接壤。正当人们以为这类发现已差不多了的时候，1940 年又在一次偶然事件中发现了拉斯柯（Lascaux）洞穴，这是史前洞穴中最著名的一个。有一天一只狗钻进了由一棵树的树根拔起而留下的窟窿，一群孩子为了抓狗把洞口挖大了，因此发现了一个几百尺的岩洞。那里特别著名的是一匹有砍痕的奔马形象，有人认为这与当时的狩猎巫术有关，此外还拥有完好无损的马、鹿、野牛的岩画。只是到 20 世纪 60 年代，这个洞穴已被一种名叫"梅花衣"（parmellococcus）的藻类所侵蚀，并于 1963 年起停止开放。目前尚难估计由于藻类或其他自然因素被消灭了痕迹的艺术洞穴究竟有多少。

托马斯·芒罗曾十分感慨地说："假如斯宾塞能活到拉斯柯洞穴壁画发现之后，那么毫无疑问他将用它来把原始艺术和现代艺术作一

---

① 威廉·基德在 1904 年出版的《美的哲学》中所援引的最早的艺术的例子也还是从埃及和希腊艺术开始。并且说："绘画的起源正像其他艺术一样，早在史前时期就产生了，但它最早究竟是怎样开始的，那种必然性却早已消失在朦胧的远古时代中去了。"（见该书第 215 页。）

② 马克斯·德索：《美学与艺术理论》，底特律，1970 年版，第 252 ~ 253 页。

番对比。"① 由于这样一些史前洞穴艺术的发现，至少在造型艺术中证实了人类在一万八千年前的冰河期就已经有了艺术活动的能力。②

那么这些动人的动物形象究竟向我们说明了什么呢？为什么会产生得这样早而且那样成熟呢？它们对后来艺术的发展，特别是绘画的发展提供了些什么呢？

显然，这些动物形象和黑格尔在《美学》第二卷中所有被提到过的动物形象都是迥然相异的。它们不是专门向人类提出难题的狮身人面的怪物，也不是被"当作神的存在而受崇拜的是猴子之类实际的活的动物"的翻版，不，这里所有的动物都没有神性的痕迹，即使在垂死时它总还是保持其不可改变的兽性，它们永远只是狩猎的对象。因此，被黑格尔作为艺术起源来讲的动物崇拜的艺术，在时间表上必须大幅度地向后推移，连狮身人面像也不过是这些洞穴岩画遥远的子孙。

在艺术史上大概没有哪一天能比这一天更有意义："从这时候起意识才能真实地这样想象：它是某种和现存实践的意识不同的东西；它不用想象某种真实的东西而能够真实地想象某种东西。"③ 当原始艺术家无论出于什么样的目的，专门选择一块特殊的岩壁来画一幅画的时候，那幅画的边缘总是在向人们暗示着它所包含的内容是和边缘之外的现实有区别的。这里有着两个世界，在边缘之内的艺术形象正是标志着原始人"能够真实地想象某种东西"的世界，这里，人类终于摆脱了那种纯粹的动物意识，他由于使动物成为观照的对象而把自己从自然界的背景上分离出来了。在这种最原始的绘画中，原始人表明了两种空间的同时并存：在画框里面的是幻想的空间；在画框外面的是现实的空间。艺术的任务仅仅在于能使这种幻想的空间具有足

---

① 托马斯·芒罗：《艺术的发展及其他文化史理论》，纽约，1963 年版，第 61 页。

② 阿诺德·伯兰（Arnold Berleant）在《美学的范围》（纽约，1970 年版）一书的序言中甚至说："拉斯柯洞穴和阿尔塔米拉洞穴的岩画可以追溯到二万到四万年以前。"所以这里所说的一万八千年是所有说法中最保守的一种。

③ 《马克思恩格斯选集》，第 1 卷，第 36 页。

够的吸引力。

那么这种第一次的幻想究竟是怎样出现的呢？可以作这样的假设：如果一只动物偶然碰到一块形似动物的岩石，那么它会毫不在意地经过这块岩石，但假如是一个克罗马依的猎人发现了一块岩石看起来就像是一定距离外快要躲避开去的猛犸，那么惊奇感就不能不使他去细细察看这块形似动物的岩石，并且把它和记忆中的猛犸加以对照，在这种情况下可以设想，那第一次想象中的猛犸就为第一次的艺术活动准备了心理上的条件，这种特殊的经验是和其他的经验有区别的，它既是现实的，又是非现实的。而当这样的猎人自己动手去创造一只猛犸的轮廓时，艺术就诞生了。

事实上不但像西班牙卡斯蒂洛（Castillo）洞穴和法国的卡倍里雷兹（Combarelles）洞穴都画了轮廓单纯而又明确的猛犸，而且也有许多小型动物的雕像被当作护身符那样的东西由克罗马依人经常佩戴着。由错觉而产生的第一次的艺术想象力假如真的存在过的话，它将比一切艺术品都还要古老。著名美学家冈布里奇（E. H. Gombrich）在《艺术与幻觉》一书中认为像拉斯柯洞穴中的艺术作品“并不是洞穴艺术开始时的作品，在它们之前已经有了数千年创造形象的历史”①。这样的推断是可信的，因为艺术的创始阶段还不可能这样完美，在这之前理应有一段更长时间的准备过程，它应该类似于被黑格尔称为“艺术前的艺术”那种阶段。对于这个阶段目前我们还一无所知。

除了绘画之外，克罗马依人还长于雕塑和浮雕。起初他们只是在岩壁上刻画出野兽的轮廓，而后敷上色彩，较后的艺术家进一步发挥了雕塑的才能，常利用自然的岩壁形状去雕出高浮雕。莱济塞地区附近的洞穴中有雕刻得极好的一群马，整座浮雕约有 40R 长，其中较大的马长达七尺。凸起的马的躯体显示出雕刻者曾以极高超的技术利用了岩壁的凸出部分。有趣的是这座浮雕并不是由一个艺术家单独完成的，因为可以看出那些马是在不同的时候刻画出来的。在西班牙

① E. H. 冈布里奇：《艺术与幻觉》，纽约，1956 年版，第 108 页。

图·皮森洞穴中还有一条雕刻精美而又十分罕见的鱼的形象。

狩猎时代的艺术看来并不长，当欧洲东南部气候愈来愈热的时候，它也就消失了。这个时代里的狩猎者不仅用狩猎提供了主要的食物来源和衣着来源，而且还创造了两种最基本的造型艺术：绘画和雕塑。但有那么一天，这些手持燧石雕刻器的原始艺术家好像突然从地平线上消失了，我们再也找不到他们的踪迹。一直过了好几千年，当人们把泥团变成了耐久的陶器时，一个崭新的农耕时代和一种崭新的艺术才开始。

史前人已经灭绝了那么久，他们决不会想到自己提供给艺术史以及美学理论的是那么重要的一章。西方许多考古学家和人类学家在19世纪的最后二十五年中在考古学的领域内为艺术的原始性准备了大量证据确凿的材料，从前一无所知的史前人以及他们的艺术突然魔术似地呈现在人们面前。已经为史前考古学所证实了的艺术活动竟发生得这样早而且如此成熟，因此就使得有些著名的学者认为艺术活动是人类最早的精神活动，其他的一切精神活动都是由它所派生的。例如R. G. 科林伍德（R. G. Collingwood）就认为："艺术是人类最原始和最基本的精神活动，其他所有的精神活动都得从它的土壤上生长起来。宗教、科学、哲学都不是最原始的形式。艺术比它们都更为原始，它构成了它们的基础，使它们的发生成为可能。"① 它甚至对自然科学也被认为具有重要的意义。美国有本讲科学 发明史的图册，在一幅阿尔塔米拉洞穴的野牛彩色插图下作了这样的说明："这位不知名的艺术家对色彩和动作有一种敏锐的感觉……当他'发现'了艺术，人也就发现了化学。把油和颜料混合后的色彩，让它在岩壁上乾透，制造了最适合使用的色彩，无疑也就是人类所实现的第一次化学作用。化学的发展确实是和艺术的发展联系在一起的。"②

---

① R. G. 科林伍德：《艺术哲学论文集》，美国布卢明顿，1964年版，第55页。

② 翁贝托·埃科（Umberto Eco）、G. B. 佐利佐科（G. B. Zorzoli）：《发明史图册——从犁到北极星导弹》，纽约，1963年版，第18页。

现在我们再来介绍第三种途径，即通过现代儿童艺术心理学的研究来推测艺术起源问题的心理因素。对儿童审美经验及其艺术表现的研究最早大概可以追溯到法国的卢梭（1712～1778）和德国的弗罗倍尔（Föybel 1782～1852）等人。心理学、精神病理学、儿童心理学都是受19世纪初自然科学以及达尔文进化论的影响而发生的。用实验的、统计的、比较的方法去研究心理现象，就产生了所谓的“实验心理学”。实验心理学的创始者是冯德（Wilhelm Wundt 1832～1920），把这种实验心理学应用于教育的，就称之为实验教育学。20世纪初，德国的约翰尼斯·利希特（Johnnes Richter）著有《艺术教育思想之发展》，叙述了自19世纪以来欧洲艺术教育思想发生的渊源与趋势，介绍了英法等国艺术教育的状况。英国的著名艺术史家、艺术教育家罗斯金（John Ruskin）在《英国的艺术》一书中述及艺术教育及审美教育的内容时，提出首先需要养成学生的身体的健美，并辅之以音乐、绘画、舞蹈等专业性的艺术教育。认为对美和艺术的爱好是儿童的一种天赋本能，艺术教育的任务在于使它得到充分的发展。德国的艺术教育家朗格（Konrad Lange）认为虽然美学或艺术史这类学科并没有普遍设置的必要，而且也不能用艺术教育来代替其他方面的教育，但提高学生的审美趣味和审美能力是完全必要的。他认为绘画的教育目的并非完全在于技艺的练习，而在于审美能力的陶冶。在这些艺术教育家著书立说的同时，在20世纪初的欧洲某些大城市中，许多儿童绘画作品被进行系统的分析研究，并曾经把它们和原始部族中成年人的主题单纯的绘画进行比较，本来旨在发现它们之间的共同点，但却往往发现它们的意义并不相同。正像黑格尔所说过的那样：“儿童所爱好的正是形象的表面以及不费心思的闲散的游戏和令人耳昏目眩的离奇拼凑。但是一个民族即使在童年期也不满足于此，还要求一种真实的内容意义。”① 儿童所画的一个男子像常常会把头部、身体、手臂、腿、帽子等画成各自独立的单位，他感到哪部分重要就去突出那部分，他们并不企图去复制事物，而只希望去画那

① 黑格尔：《美学》，中译本，1979年版，第2卷，第15页。

些他们记忆中的形象，并且总是喜欢用粗线去组成轮廓。儿童画四条腿的动物总是希望去画满四条腿，尽管他们看见的往往只能是靠近他们的那两条腿。他们总是希望把鞋子画成黑的，因为知道它是黑的，而毫不顾及黑色的物体的反光部分应该是相对地白的。儿童很少像画家那样努力使自己的视觉去遵从客观事物，相反，他们的绘画常常只是他们想当然的产物。正是在这样一些明显有差别的地方，把儿童的艺术作品与人类儿童时代的艺术作品之间画上等号被认为是不科学的。对此，马克斯·德索曾经指出："艺术的起源由于史前时代的遗迹而得到揭示，然而直到现在我们才正在了解儿童和原始人对艺术起源的意义。首先那样的一些事实将被研究并被作为艺术起源推论的基础。然而从一开始我们就得谨慎，不要把这三种不同领域的研究手段看作具有同样的意义。因为今天的儿童生活在和那些最早的人们完全不同的条件之下（甚至也和现在还存在的原始人很不相同）。这种设想是错误的，即以为目前儿童艺术的发展将会重演人类艺术的发展。事实上现代儿童那种信手涂鸦和原始人的岩画有着明显的区别，他们的歌唱也和原始音乐有着根本的区别。"① 尽管如此，还是有人坚持在某些原始绘画和现代西方高度文明化了的儿童绘画之间存在着一种难以否认的类似，即它们都是从不成熟的瞎涂到某种被控制了的形式之间的进步，都有一种从图解式的概念化类型到更加现实主义化，由简单的内容和形式向复杂的内容和形式的过渡。而且儿童绘画往往随着年龄的增长而日趋成熟这一事实也被某些心理学家用来论证艺术能力进化的证明，并从中发展出一种循序渐进的教育理论。因按照心理学家卡彭特的说法："神经系统的机能是顺应练习的模式而成长的"②。因此这类研究即使对艺术起源的意义不大，而对审美教育来说却是不可缺少的。

对儿童艺术心理学的研究在第二次世界大战期间达到了空前的规模。德、奥、法等国都对儿童艺术能力的发展作过许多实验性的研

① 马克斯·德索：《美学与艺术理论》，底特律，1970年版，第228页。

② 卡彭特（W. B. Carpenter）：《精神生理学》，1874年版，第393页。

究。被加以研究的儿童，他们的许多绘画、泥塑作品一直从摇篮时期保持到青年时代。在对儿童绘画的分析中，可以区别出“瞎涂”(scribble)、“图解”（schematic）和“写实”（realistic）三个阶段。这项研究的目的并不在于想在儿童身上发现能促使他们尽快达到成人艺术水平的途径，而在于当儿童们把那种视觉形象自由地表现出来时，期望从中能对艺术的起源，尤其是绘画的起源有所启示。一些研究者也常常把这些儿童的作品和“野蛮人”的艺术加以仔细的比较，以期从中推演出史前人可能具有过的智力成长过程。但是这些努力遇到一些难题，例如儿童先天性的个性差异总会在作品中显露出来，以至淹没了这类测验想获得的普遍意义；此外儿童作画时的具体环境以及学校教育也总是在影响这类测验，因此想把一切偶然因素排除，使儿童保持在一种完全“自发”的状态下进行测试几乎是不可能的。

除了造型艺术外，在表演艺术，例如歌唱、演奏等方面也作过一些实验性的研究。它企图去寻找儿童的审美能力怎样在追求审美特质的过程中被加速了。测试证明专业的知识和技巧训练有不可忽视的意义。

托马斯·芒罗曾指出：“关于艺术创造中所有知识的源泉就其可能性而言，其中最有价值的是艺术教育的领域，但是，只有在这个领域内采取一种更带有实验性的态度，它才能做到这一点。在每一种艺术实践和鉴赏的训练中，当这种训练不仅是为了职业的目的灌输一套专业技巧，这种训练就应该被看作是用各种各样的方法来进行试验，并把它的结果当作心理学材料记载下来的机会。”① 但这样的一些实验心理学材料对艺术起源的意义显然不如对审美教育的意义大。因为艺术是生活的反映，在某些方面，现代儿童的艺术不一定就比原始时代那些儿童高明：“巴苏陀部落的儿童自己用粘土做牛、马等玩具。当然，这种孩子的雕塑还有很多很多不足之处，但是文明的儿童在这方面终归是比不上非洲的小‘野蛮人’的。”② 因为在原始部族那

① 托马斯·芒罗：《走向科学的美学》，纽约，1956年版，第60页。

② 普列汉诺夫：《论艺术》，中译本，第38页，原作者注①。

里，儿童的游戏是和成年人的生产密切联系着的，而这种联系在现代儿童的游戏以及他们的艺术中早已丧失殆尽。原始艺术的实用、占有、战争、狩猎生活，尤其是他们的那些原始宗教信仰都是现代儿童艺术所缺乏的，而正是在这些重要因素上，原始艺术才兴旺了起来。

就对艺术起源问题的探讨而言，前二种途径才是重要的，第三种途径的意义是不大的。它应当作为审美教育的一项重要研究课题。

三、两种主要的艺术起源的理论——游戏论和巫术论

19 世纪末，一些西方的美学家已经在热切地希望能在原始人为了生存斗争所需要的必需品和非实用性的艺术作品之间找到联系的桥梁。许多过去非常著名的所谓艺术起源的理论，例如亚里士多德艺术起源于摹仿的理论，都已不再具有充分的吸引力，因为它们都还不足以去说明艺术真正的起因。渐渐变得占优势的艺术起源理论大体说只有两种，一种是斯宾塞等人提倡的游戏说，另一种是弗雷泽等人提倡的巫术说。

现在先来介绍游戏说。游戏说早在 18 世纪就由席勒提出，他认为摹仿虽然是重要的，但并非就是产生艺术的真正动力，在摹仿冲动的背后还有着更为原始的动力，那就是推动着摹仿得以产生的游戏。认为美是“两种冲动（即感觉的冲动和形式的冲动）的共同对象，那也就是游戏的冲动。”① 席勒企图把艺术创造和所有其他“不自由”的活动形式区别开来。席勒把艺术的创造归结为一种“外观”的创造，又把这种对外观的喜悦归结为游戏。当那种以外观为快乐的游戏冲动出现的时候，立刻就产生出创造的冲动。人的自由就在于给无形式的东西以形式，恐惧只能在模糊的轮廓中才能存在，一旦人赋予它以形式，人就战胜了它。“野蛮人以什么现象来宣布他达到人性

① 席勒：《美育书简》第十五封信，雷金纳德·斯内尔（Reginald Snell）英译本，纽黑文，1954 年版，第 77 页。

呢？不论我们深入多么远，这种现象在摆脱了动物状态的奴役作用的一切民族中间总是一样的：对外观的喜悦，对装饰和游戏的爱好。”①他认为人从审美的状态到逻辑的和道德的状态的步骤，比起从肉体的状态到审美的状态来不知要容易多少，席勒问：“在美引起人的自由享受和宁静的形式使他的野蛮生活平静之前，人究竟是什么呢？”当人只是被动地感觉自然之时，他只是自然的奴隶，而一旦他思考自然，他就成为自然的立法者。人只有名符其实地成为人的时候，他才游戏；也只有他在游戏的时候，他才是名符其实的人。游戏是创造力的自由表现，本身就是目的。席勒又用精力过剩来作为游戏的动力，当生命力过剩而刺激着动物活动的时候，它是在游戏，而在人身上，它上升为一种只有人才有的想象力的游戏，想象力在探求自由中就达到了审美的游戏，因此审美外观不再具有实用的目的。

斯宾塞在 1873 年出版的《心理学原理》中发挥了席勒的观点，也认为游戏和艺术都是“过剩精力的发泄”。为此，有人就把他们联在一起，称之为“席勒—斯宾塞理论”，意思也就是指游戏论。在斯宾塞看来，游戏的主要特征在于它对维持生活必需的实践活动没有直接的帮助。游戏本身并不具有功利目的，但是在游戏中自然而然所得到的各种生理器官的练习，对于游戏者个人以至于对整个部族来说都是有功利价值的。就像猫追逐滚动的线团那样，凶猛的动物的游戏也就是一种假装的搏斗，它带有一种生物学上的价值。在下等动物那里，机体的一切力量都消耗在维持生命所必需的活动上，但是在动物发展到较高的阶段，就不是一切力量都被功利的活动所吞没，由于有较好的营养，机体中积聚着一些要求出路的剩余力量，所以当动物游戏的时候，正是服从了这种要求。

卡尔·格罗斯（Karl Groos）在部分地接受了游戏说的同时，认为游戏本身也具有一种生物学意义上的实用价值而把它包括在进化的概念之内。他在 1898 年出版的《动物的游戏》以及 1901 年出版的

---

① 席勒：《美育书简》第二十六封信，载《古典文艺理论译丛》，1963 年第 5 期，第 85 页。

《人类的游戏》中坚持认为幼小的动物和儿童的游戏都是未来生活所需要的实践活动的一种准备，因而仍然具有实践的意义。他否认游戏仅仅是一种过剩精力的发泄，然而他又接受了席勒所说的艺术和游戏目的有相似性的说法。但在他看来，游戏更像艺术欣赏而不像艺术创造。当人们自然而然进入到游戏状态中去的时候，自发地表现出好像自己是生活在一种戏剧的活动中，在这种情况下人们已经被游戏的魅力整个地带走了。

在19世纪末20世纪初，有许多人曾信奉过斯宾塞的游戏论。例如阿伦（Grant Allen）也认为艺术和游戏在一点上是共同的，即它们和生活的直接需要是远离的，而且它们本身都有一种能使人感到愉快的目的。他不但接受了斯宾塞的理论而且把它更简单化了。因为斯宾塞并不认为艺术的目的仅仅在于给人愉快，而在阿伦看来，获得视觉和听觉所带来的审美感觉上的愉快，则是艺术首要的任务。

在对现代原始部族艺术的考察中，也发现过一些有利于游戏论的现象，例如，原始部族中盛行的歌唱，往往是在他们比较空闲的时候。甚至在最低的水准上，他们也能把耕作等活动和音乐的节奏相区别。为了在某种声音的花腔中表现他们的感情，同时也为了使听众愉快，他们甚至完全把劳作置之于不顾。舞蹈的情况也如此。当原始部族在劳动时，那种大规模的、集体的、有规律的动作比起他们为了消遣或供观赏的舞蹈所具有的那种节奏来说是非常少见的。按照许多旅行家的考察报告，这种集体舞往往带有狂欢的性质，它们几乎完全由欣喜若狂的动作所组成，而努力完成这种演出的那种强烈情感看来是不可抗拒的。因此有人认为像战争舞、爱情舞那样的舞蹈是根本不可能从劳动的节奏中产生出来的，也不可能从摹仿某种动物（例如袋鼠）的动作中产生。音乐的情况也是如此。游戏论者认为对那种从经济上来考察艺术起源的理论的一个强有力的反驳也反映在某些考察报告中，当原始人一起走来，一起蹲下并合唱的时候，明显地是企图从现实生活中逃避出来，想暂时忘却他们那种平常的生活。

首先，我们认为游戏和艺术的确有许多重要的特征是共同的，例如它们都没有直接的实用价值。所有艺术在那种娱乐功能的意义上都确有游戏的因素，但不言而喻，艺术要比游戏具有更深的内容。即使按照游戏论的说法当过剩精力通过游戏而得到发泄，或本能通过游戏而得到练习时，游戏的目的也就算完成了。而艺术的作用却并不限于即兴的满足。虽然像舞蹈这样的艺术，艺术的外观是随着演出的告终而告终，创造的同时也即意味着消失，但即使如此，艺术的生命力仍然在舞蹈者所设计的运动节奏的韵律中保存着，在观众的记忆中残留着，而游戏缺乏的正是艺术所特有的那种使人流连忘返的魅力。把游戏和艺术等同起来的看法在对儿童游戏的观察中也已经证明是缺乏根据的。儿童在游戏中总是占有了整个自我，而艺术则主要是一种情感交流。在游戏的时候，儿童会感到旁观者是种打扰，而当他扮演一个角色时他却希望有观众。此外，游戏的目的常常是为了调整实践活动中的间歇，它具有暂时的性质，而艺术则力争持久，甚至完全是为了持久。而且，假如认为艺术必须要依赖于游戏、依存于游戏，那么势必会得出结论说伟大的艺术家至少在儿童时代必须热爱游戏，而事实并非如此。据说贝多芬在幼年时，只有音乐才能在无论什么时候都占有他；而对莫扎特来说，自从他了解音乐的那个时候起，就几乎对所有的游戏都丧失了兴趣。即使他有时也参与游戏，但这种游戏往往是伴随着音乐的游戏。有人曾经认为大概从十岁到十五岁之间所有的儿童几乎都会在某一时刻放弃游戏，而假如他是一个艺术家的话，他就会更早地放弃游戏而过渡到艺术。

有些美学家并不直接支持游戏论，但在他们的著作中有时也不免使我们能看到游戏论的广泛影响。例如阿诺·理德（L. Arnaud Reid）说："一个小孩因为生气而跺脚，但也许过了一会儿他对自己的跺脚行为发生了兴趣并欣赏起来，他静观这种活动，发现它是一种能加以欣赏的表现，并因而重复这种动作，也许还带着某种修改来重复这种动作。他的表现因表现本身的原因而趋向于更高的标准。这第一次的跺脚是本能的，而第二次的跺脚就有着审美表现的萌芽。为了快乐而跳跃的本能可以被有意地重复（也许还带有某种修改），较后就变成了一种审美活动的基础，例如变成为舞蹈的基础。"①

① 阿诺·理德：《美学研究》，伦敦，1931 年版，第 54 页。

现在我们来介绍巫术论。这种理论最早是由英国著名人类学家爱德华·泰勒（Edward Tylor）在他的《原始文化》第四章中提出的。交感巫术（sympathetic magic）在20世纪初成了科学研究的一项热门的对象。哈特兰（Hartland）、詹姆斯·弗雷泽、贝朗热-费罗（Béranger-Féraud）以及其他一些学者对此都作过冗长而详尽的研究。当时简直没有一本人种学或民俗学方面的著作不述及到这样的一种巫术信仰：对某一物体的某一部分施加巫术影响，就会影响该物的整体及其他部分。在原始部族中也广泛盛行这种迷信，即认为必须极其小心地处理从自己身体上剪下来的头发、指甲这类东西，万一落到敌人手里，它们就成为能伤害人的武器。① 科林伍德在他的《艺术原理》中也提到过这一点：野蛮人常常为了防止自己剪下的指甲落到敌人手中而过于细心地把这些指甲毁掉，当人类学家们问他这样做究竟为了什么时，他解释说他的目的是为了防止敌人利用这些指甲作为加害于他的武器。因为野蛮人相信在被剪下的指甲和他的身体之间有一种“交感的联系”（sympathetic connexion）②。哈特兰于1894～1896年间出版的《柏修斯的传说》③ 曾提到这种相信两件事物之间有一种神秘联系的巫术信仰被认为可以对生活中所有的事情都会起作用。

事实上在史前洞穴岩画还没有被某些学者注意到之前，用巫术信仰去解释艺术起源就已经开始了。例如希尔恩在《艺术的起源》一书中虽然表现出他对史前洞穴艺术的存在一无所知，但该书的最后一章便是“艺术与巫术”。他不仅提到“有些部族的士兵企图通过一种巫术的方式去取得勇气，非常想往血，想用他们认为是有力量的东西去涂抹身体或去吃刚杀掉的公牛的生肉’，而且还提到“按照原始人的看法，甚至单独的一个手势也可以对与它相应的有关事物发生影响。而一个完整的哑剧则被真诚地相信它所再现的东西能导致现实活

---

① 参见赫伯特·斯宾塞：《社会学原理》，伦敦、爱丁堡，1885年版，第1卷，第102页。

② 参见R. G. 科林伍德：《艺术原理》，牛津，1955年版，第59页。

③ 柏修斯（Perseus），希腊神话中杀死蛇发女怪美杜莎的英雄。

动的发生”。他指出研究民俗学的人都知道原始人认为通过巫术摹仿所产生的那种效果在实际应用上是没有限止的。他可以通过舞蹈或戏剧所摹仿的气象学上的现象去呼风唤雨。① 甚至可以通过戏剧去影响季节变化，在这种戏剧中他把冬天赶走而召来夏天。②

希尔恩用巫术论的观点去重新解释摹仿，认为通过同类事物去发挥巫术作用的巫师总是被迫去创造一些事物或生物的表象，以便对它所代表的物本身施加影响。这种摹仿虽就其意图来说本质上是非审美的，但对艺术的历史发展来说是重要的。至于艺术作品究竟在多大程度上导源于这种古老的巫术实践以及这种巫术的真正意义怎样被渐渐忘却，它可以以多种方式表现在各种艺术部类中。事实上没有一种艺术形式不或多或少被这种巫术原则所影响。③

希尔恩这些看法受弗雷泽的影响很深。弗雷泽是当时最负盛名的英国人类学家。他的名著《金枝》于 1890 年问世。该书引述了各地的宗教仪式、石刻铭文、古代史籍，现代传教士、人种学家的考察报告，提出了各原始部族的风俗、仪式和信仰无不起源于交感巫术的理论。他指出巫术与宗教的区别：前者想通过巫术的特有形式去控制自然力，当这种方式证明无效后，人才想去通过祈祷去求得神的恩赐，而当人们看到连膜拜也无法使神降恩之时，他们才踏入真正科学之门。因此，巫术、宗教、科学是相继产生的，他认为巫术比之于宗教更接近于科学，因为其目的在于想控制自然，只是其手段是错误的，所以失败了。他说：“从很早的时候起，人类就忙于追求究竟凭借什么样的法则才能使自然现象的规律去服从自己的利益，在长时间的追求中，他一点一滴地积累了那样一种行为准则的巨大宝库，其中有些是宝贵的，有些则是垃圾。那种真正宝贵的法则组成了我们称之为艺

---

① 参见詹姆斯·弗雷泽：《金枝》，伦敦，1890 年版，第 1 卷，第 13～18、20 页。

② 参见格里姆（J. Grimm）：《条顿人的神话学》，伦敦，1880 年版，英译本，第 2 卷，第 764～772 页。

③ 参见于尔约·希尔恩：《艺术的起源》，伦敦，1900 年版，第 265、283 页。

术（Arts）的适用于科学的本体，而那些错误的东西则是巫术。”①

弗雷泽本人并没有直接运用自己的理论去解释史前艺术，这一解释首先是由法国学者萨洛蒙·雷纳克（Salomon Reinach）提出来的。他在研究弗雷泽《金枝》的基础上，认为艺术起源于狩猎巫术，它是作为一种能控制狩猎活动的实践手段而发展起来的，目的在于保证狩猎的成功，因此艺术是一种深思熟虑的祈求手段。② S. 吉德恩（S. Giedion）表示了类似的看法，认为在“连续不断的对动物轮廓的探索所达到的熟练中有一种共同的特征”，即原始人想通过这种实际有效的图形来“达到对他所垂涎的动物在巫术意义上的占有。”③

经常用巫术论去解释史前洞穴岩画的论据主要有下列几点。首先，许多洞穴岩画常常被发现于洞穴深部，最典型的例子是尼欧（Niaux）洞穴中著名的“黑厅”，那里的壁画是画在深入洞穴八百码的地方。据推测，选择这样黑暗的地方去作画很难说是为了展览，除了有某种神秘的巫术目的外，其他的解释很难有说服力。洞穴是那样的黑暗，明灭不定的油脂灯当是原始艺术家必不可少的照明工具。对于这些岩画并不服务于鉴赏的目的这一点上说，1901 年发现的法国的枫—德—哥姆（Font-de-Gaume）洞穴是个极端的例子：它的犀牛画在人只有平躺在地下方能使眼睛与画面保持直线的岩石的隙缝上。在这种地方作画需要冒生命的危险。其次，某些地方的岩壁往往被一画再画，几乎毫不重视形象的轮廓是否清晰，而靠近它周围的岩壁却没有画。例如拉斯柯洞穴有一处岩壁的画前后被重叠了三次，据推测可能是第一幅画被认为发生了预期的巫术效果，给狩猎者带来了好运气，于是这块地方就被认为是有求必应的地方而受到特别重视。据考察，这种专门挑选某一地方来作画的习惯在个别洞穴中前后竟历时千

---

① 詹姆斯·弗雷泽：《金枝》，简写本，纽约，1960 年版，第 65 页。值得注意的是弗雷泽在这里所说的“艺术”，不是我们现在概念上的艺术，而是指人类控制自然的各种技术手段。

② 参见 S. 雷纳克：《祭礼·神话·宗教》，巴黎，1905～1912 年版，第 1 卷，第 125 页。

③ S. 吉德恩：《不朽的呈现》，纽约，1962 年版，第 1 卷。

年之久。支持洞穴岩画产生于巫术动机的更为有力的证据是有的动物形象身上有被长矛或棍棒戳刺或打击的痕迹，或者像方哥默洞那里的岩画那样，把一只猛犸象画成已进入了陷阱，或者像法国三兄弟洞那样画一只垂死的熊，口和鼻子都喷着鲜血，身上还有 100 多个表示伤痕的圆圈。所有这些都使人相信和交感巫术的信仰有关。

科林伍德认为：“‘巫术’这个词通常并没有确定的意义，它常被用来去表示‘野蛮’社会中某种实用的倾向。”① 用巫术论去解释艺术的起源，实际上也就是用实用论去解释艺术的起源。因为在原始人的心目中它有着极大的功利价值。在农耕出现以前，主要依靠狩猎来争取生存的部族，他们的生活是极端困苦的。就像列宁指出过的那样：“说原始人获得的必需品是自然界无偿的赐物，这是笨拙的童话……这种黄金时代在过去从来没有过，生存的困难，同自然斗争的困难使原始人受到十分沉重的压抑。”② 据 1978 年 6 月 5 日出版的美国《时代》周刊《来自冰河期的宝藏》一文，它介绍说洞穴壁画的创造者克罗马依人生活在极端寒冷的气候条件下。当时北半球大部分地区都覆盖着茫茫无际的冰雪，欧洲和亚洲的不冻区的极大部分则由苔原和无树的草原所组成，成群的猛犸、野牛、驯鹿和野马在那里漫游，“冬季相当长，甚至在夏天平均温度也只有摄氏十二度到十五度”。在这样的条件下，生存尚且不易，哪里还谈得上什么游戏？天气苦寒，狩猎无定，而且自然界有时还发生一些当时人们都很难解释的灾难性变化。人愈是时时濒于饥饿的压迫他也就愈耽迷于对猎物的幻想，因此用幻想的巫术方式去弥补一些现实的狩猎手段的不足，就成为这种狩猎巫术的主要内容。用一定的技术手段把这些动物形象固定下来被认为是对狩猎的成败休戚相关的。

原始人的一次巨大的围猎，往往需要上百个猎手的事先部署，而

① R. G. 科林伍德：《艺术原理》，牛津，1955 年版，第 57 页。

② 《列宁全集》第 5 卷，第 89 页。西方古代神话把人类历史分为四个时期，即黄金时代、白银时代、青铜时代和铁器时代。后来，黄金时代被认为是人类天真无邪，无需劳动就能丰衣足食的原始时期。

一次实际的围猎既成定局，胜败都无法挽回，但是如果这种围猎的部署事先通过了某种原始的宗教仪式，用动物的形象来事先作一番研究和预习，在这种情况下这种狩猎的巫术实际上有可能成为人类最早的符号操作。现代人对于没有把握的事，事先往往用符号来进行演习，原始人无意之中也做到了这一点。例如在图画中标明哪一部位是某一动物最易致命的部位，这种类似于符号操作的巫术信仰可能真的会有助于狩猎的成功，而像法国比利牛斯山区的加尔加斯洞穴中的许多手掌印，可能就是猎人们在进行这种操作仪式的一种痕迹。柴尔德曾说过："在孟特斯盘山洞里一个极难接近的壁龛中，马格德林时代的青年们，蹲伏在一幅魔画前面，用臀尖留下的泥迹，至今还在，那很像今日一般野蛮部族所实行的入社仪式。"① 法国三兄弟洞穴有一个半人半兽的形象，他披着兽皮，戴着兽冠②，被认为是当时巫师在履行巫术仪式的写照。这种解释在对现代原始部族艺术的研究中也得到印证。希尔恩在《艺术的起源》一书中曾提到原始舞蹈、哑剧与交感巫术的联系。他说："当北美印第安人或非洲卡菲尔人（Kaffir）或黑人在表演舞蹈时，这种舞蹈实际上全部都是对狩猎活动的摹仿，我们不可避免地会看到在他们古怪的表演中所具有的原始例证，而且还纯粹是一种哑剧的艺术。……我们知道，这种哑剧有它的现实性，正如这些动物的摹仿和再现有着一种实践的目的那样，所有世界上的猎人都希望能把猎物引入自己的射击距离之内，按照交感巫术的原理，这是不言而喻的：即摹仿一件事物就可以在任何距离内影响该事物。因此一场野牛舞，那怕只是在帐篷中表演的，也同样被认为可以强迫野牛到猎人的目标中来。而那种所谓无利害的艺术形象外观，可能导致人们把狩猎的巫术误认为是一种戏剧的范本，容易把原始人的任何表

---

① 戈登·柴尔德：《远古文化史》，中译本，第 57 页。

② 兽冠本是一种狩猎工具，猎人戴上兽冠，有乱兽耳目或诱兽进入陷阱之用。我国古代也有。辉县琉璃阁战国墓一号墓出土的舞乐狩猎纹奁，奁壁上就刻有戴兽冠弯弓引射的猎人形象。

演作为一种独立的审美活动来加以接受。”①

艺术的形象外观总要向它的观众呈现出一种现实的幻觉，而原始人显然还分不太清楚主观和客观的现实性。因此原始艺术家出于这种巫术目的创造出来的动物形象，它引起的心理上的幻觉使它的创造者深信被他再现的形象对远距离之外的野兽有一种驾驭的力量。这样，在艺术的最低发展阶段上，巫术的艺术就成为最早的文化模式之一。当猎人们为了狩猎的巫术效果去寻找一种最强健的形象外观以便创造出一种幻觉的真实时，它的意义是双重的：它既是一个以为能增加巫术效果的逼真的形象，又能从这种由摹仿得来的外观创造中，以及它所产生的幻觉真实中导源出一种愉快的感觉，最后这种感觉变成为一种审美的愉快。

但是，即使在这里，要确定究竟哪里是非审美动机的结束，哪里又是审美动机的开始，这是根本不可能的。这是一个非常隐约，非常含糊，你中有我，我中有你的难以一刀切的界线，或者也可以说根本就不存在这样一条明确的界线，事实上它是一个极其缓慢的变化过程。从一种比较学的、历史学的观点来看，我们所能做到的仅仅是多多少少明确了可能促使艺术产生的那些社会的和心理的推动力究竟是些什么。这里我们需要指出的仅仅是单纯的追求审美愉快不可能构成导致艺术得以产生的真正动力。

当然，我们也并不主张所有艺术都起源于巫术。著名的人类学家马林诺夫斯基（B. Malinowski）在《原始心理学中的巫术科学、宗教与神话》一书中，根据他本人在新几内亚东部地区对当地原始部族的调查，证实那里的土人对他们所能控制的自然现象绝不采取巫术，他们知道得很清楚，土地干旱了要浇水，制造独木舟须保持平衡，因为对这些他们都有正确的知识。而只有对他们所无法控制的意外的幸运和灾难才用巫术来加以招引或拒绝。根据这种说法，原始人对狩猎这种偶然性很大的实践活动采取巫术手段，正如他们对制造工具不采取巫术手段一样，都是合理的。

---

① 于尔约·希尔恩：《艺术的起源》，伦敦，1900 年版，第 11 页。

那么，既然说这样洞穴岩画都是狩猎巫术的一种副产品，为什么我们还要把它叫做“艺术”呢？它能不能被称之为“艺术”呢？我们认为艺术的概念是历史的，正因为它是不断发展变化的，所以直到1979年出版的《英国美学杂志》的冬季号、春季号、夏季号上连续三期都有不少文章还在讨论艺术的定义问题。在艺术的起源阶段上，把这种狩猎巫术的副产品看作是艺术的产生和发展的一个不可逾越的阶段，完全附合于历史唯物主义的基本观点。艺术在开始阶段必然要依附于某种实用的需要，否则它就很难发生，这不仅不违反历史唯物主义的基本观点，反而是它的光辉证实。

除了游戏说和巫术说以外，也还有另一些其他的解释。

哈佛大学学者，世界著名的美国史前艺术研究者亚历山大·马沙克（Alexander Marshack）在《文明的根基》（The Roots of Civilization）一书中曾提出一种全新的理论，即认为这些像是随随便便胡乱画成的壁画和其他一些雕刻品都再现了各种不同的符号体系。它们都是用来记录季节的推移和天文学上的星象观察的，原始人从中得出了祭仪的日期。马沙克把在法国布兰查特（Blanchard）克罗马依人居住的岩棚中发现的象牙小饰板放在显微镜下进行仔细观察，显示出它刻有29种符号，某组符号刚好和月亮的盈虚变化附合，所有的满月都靠左边，半月居中，而所有的新月都靠右边。这完全是月亮观察的一项记录。马沙克对1880年法国西南部的蒙特加特（Montgaudier）发现的著名的“指挥棒”进行了重新研究，在显微镜下揭示了它与过去的解释有很大的差别。看来像是鱼的形象，其实是两只海豹的形象，一只是雄海豹，一只是小的母海豹。在海豹旁边的是条鲑鱼，它的肚皮朝上，翻过来了。鱼的下颚部位有钩状器，这是鲑鱼在产卵期的回游特征。而此时，也正好是海豹追赶鲑鱼的季节。它的第一次回游对原始猎人来说也许是件大事，因为这预告着春天的来临。鲑鱼的回游大概在每年第一次融雪后的若干星期之内。鲑鱼左面的三个符号过去一直被考古学家认作是鱼叉上的倒钩，但马沙克指出，如果是倒钩的话，方向反了，因此它根本不可能是倒钩，而且，它们的尾部十分柔弱，非常像水草之类的植物。这根鹿角棒的另一面是二条蛇的形象，每条都表示出它的生殖器官，正象它们在春天交配时节时的情况，此外，在这件雕刻器上还有一个极小的符号式的山羊头，还带有一个“X”字符号，仿佛是说在某种关系到春天来临的祭礼中，这头山羊作为祭礼而被杀。这样，这件雕刻实际上是精心刻画的季节示意图，它关系到一种祭礼的活动，而并不是作为狩猎巫术而被制作的。在法国的拉瓦谢（La Vache）发现的另一件雕刻器，一面它刻有一对青蛙以及它们的足，还有一只带角的山羊头和三朵盛开的花，这些形象明显象征春天；另一面刻有一条张嘴的牛头，伸出舌头似在大声吼叫，这是公牛在秋天或交配季节常有的姿态，旁边还有干枯了的花朵，因为这一面是象征秋天的。

马沙克认为在这些作品中，冰河期的狩猎者描绘了各种动物的性征和各种植物不同的生长阶段，这种动植物的季节联系表示出狩猎者对各种生物特征有着丰富知识。刻在骨头，石头或象牙上的各种符号，表示了冰河期原始人的各自独立的、包括数的概念在内的符号体系。它们都有着自己的特殊意义和特殊的使用方式，从而告诉了我们史前期的文化远比我们所能想象的要复杂。进一步的研究可能会给我们以意想不到的洞察力去洞察冰河期人们的思想。

冈布里奇在《艺术与幻觉》一书中引用印第安猎人赋予夜空的星座以某种他们所熟悉的动物的名称而提出了一种所谓“投射”（projection）的理论。他说古代称之为狮子星座的，在我们看来假如在想象中用无形的线把它们联结起来，那的确有点像狮子或至少像四足动物，但在印度和南美的土人看来却不同。冈布里奇引述了人类学家科克·格林贝格（Koch Grünberg）曾为某印第安猎人为他所画的狮子星座而鼓舞，因为在这个猎人看来狮子星座是一只“龙虾”。因此结论只能是人们只是根据自己不同的生活经验在夜空的星座上投射着他所熟悉的动物形象。这样就不能不同意阿尔伯蒂（Alberti）的假设：投射是艺术的基础。原始人也一定像现代人一样有一种投射的倾向，把他的希望或恐惧投射到任何一个朦胧的物体上去。这种投射可以把完全不同的东西看作是同一种东西。① 因此洞穴壁画的最早起因

① 参见 E. H. 冈布里奇:《艺术与幻觉》,纽约,1956 年版,第 106～107 页。

可能是由于岩石的某些天然形状和某一动物相似所引起的。

由于弗洛依德学说的兴起，还有的学者想用该学说去解释史前洞穴岩画，统统把它们归结为性的表现。所有岩画中的形象都被划分成雄性的或雌性的两类。马、熊、鹿、矛、棍棒以及所有的直线代表雄性；野牛、陷阱、圆圈以及所有的曲线都代表雌性。这种说法的牵强附会是不值一驳的。幸好原始岩画只留下了猛犸象落入陷阱的形象，如果画了一只野牛（代表雌性）落入了陷阱（也代表雌性），那么这种理论的处境一定会像落入陷阱的野牛一样的尴尬了。

乍看起来，对艺术起源的各样假设给问题的解答增加了许多困难，但作为一种学术研究，却是有好处的。实际上像格罗塞、希尔恩、马克斯·德索在涉及这一问题时，无不带有多元论的痕迹。这种多元论并不是无可奈何的对众说纷纭的一种调和折中，而在于在艺术最初的阶段上，可能就是由多种多样的因素所促成的，因此推动它得以产生的原因不能不带有多元论的倾向。同时，各门艺术都有着它自己的特殊性，很难整齐划一地被导源于一种单一的因素。但其中占主导的应该是经济的因素，物质生产的方式不仅对社会发展，对艺术的发展也同样具有决定性的意义。在这个意义上，希尔恩的结论是重要的："原始艺术在它所有的部类中都将挫败我们对它所作的纯粹推理性的解释。通过研究，在涉及野蛮人、未开化部族和他们那种非审美生活的关系时，许多著作家已从进化论美学的角度成功地解答了艺术史的巨大难题。舞蹈、诗歌、甚至低级部族中的确存在着的造型艺术，正如许多学者已指出的那样，无疑也具有审美价值，但这种艺术很少是自由的和无利欲的；它一般说来总是有实用意义的，——无论是真的具有实用意义或被误认为有实用意义，并且常常是生活的一种必需。"①

---

① 于尔约·希尔恩：《艺术的起源》，伦敦，1990 年版，第 12 页。

四、最早的艺术类型

这点是无疑的，各种各样的原始艺术对狩猎部族的生活都起着重要的作用：日益精巧的工具直接服务于狩猎,① 装饰助长了技艺的熟练甚至影响着性的选择，文身可以直接服务于战争中对敌人的威吓，诗歌、音乐、舞蹈都有激发热情的鼓舞作用，而雕塑与绘画，假如巫术说可以成立，事实上也有益于集体性的狩猎。这样，所有原始艺术都在扩大和强化着社会的结合力。但是，就像托马斯·芒罗所提出的那样："音乐、诗歌、绘画这些艺术形式究竟在荷马和古埃及人之前的史前时期是怎样发展的？究竟是哪种艺术类型最先出现？继之又是哪种艺术类型出现？"② 是不是在一定时期内由某种艺术占主导地位，而后又过渡到另一艺术占主导地位呢，还是它们从一开始就都已出现并且都是各自独立的呢？我们究竟能不能描绘出一个大致符合于当时各门艺术发展状况的基本轮廓呢？这里有各种不同的意见。

有人假设存在三种最原始的艺术：一是所谓匠艺艺术，主要是建筑；二是音乐艺术；三是模仿艺术。在同一历史时期，可能有某种艺术暂时不如其它艺术那样流行，但总的来说这三种艺术都在原始社会中长期存在着，此起彼伏，一直延续至今。

有人主张首先可能是由一种或二种主要的艺术形式来引起了整个艺术的发展过程，在漫长的历史过程中渐渐分解出各种艺术形式。那么这种最原始的艺术形式究竟应该是什么呢？亚当·斯密认为它应该是舞蹈，理由是舞蹈几乎在所有现代野蛮部落里都可以发现，并且它

---

① 西方学者在对艺术起源的各种因素的探讨中，对工具制造的作用普遍缺乏重视。而人在制造定型工具时预先在头脑中形成了工具模式的这种能力不仅对语言的发展而且对艺术的发展都有着极重要的意义，例如它培养了对物质材料进行加工的巨大敏感，在此基础上人才有可能像马克思所说的那样，"按照美的法则"来创造。

② 托马斯·芒罗：《艺术的发展及其他文化史理论》，纽约，1956 年版，第 136 页。

总是和音乐、诗歌不可分割地结合在一起。由于舞蹈没有其他艺术形式的参与是不可设想的，因此它具有一种出发点的特征。在舞蹈中还可以发现许多其他特征，这些特征都是在最早艺术中可以找出其痕迹的。例如爱情的舞蹈表现性爱的倾向；祈祷的舞蹈表现宗教的倾向；战争的舞蹈表现了好斗的倾向；动物的舞蹈则表现了生存斗争的倾向等等。而且所有舞蹈几乎都是公开展览的，尤其是原始的集体舞蹈需要强烈的节奏，边唱边舞，所以音乐和诗歌必然会包含于其中。由舞蹈培养起来的模仿力，通过某种过渡，转变到利用其他物质材料来代替人体，从而就产生了雕塑和绘画。

有人认为最早的艺术应该是建筑。建筑正如像对饥饿的满足那样在所有时代里都是人类的一种基本需要，在原始时代更是如此。它是人抵抗残酷无情的自然力的第一道屏障，人在自身建造起来的防御物中有一种安全感，它涉及到人类最深刻的一种情感。最早的茅屋大概在三万年前就已经被人用于居住，它往往和洞穴相距不远，也许窝棚式的茅屋用以夏天居住，洞穴在相当一段时期也并没有由于茅屋的发明而被完全抛弃，它常常被当作冬天躲避严寒的住处。最早的史前茅屋常常一半埋于地下，用树枝搭成的顶棚的圆形边缘直接靠地，这样就免去了四周围墙又保证了较好的保温。这种只有中心柱的茅屋经常在比较寒冷的地区发现。一些最古老的茅屋遗迹现在还残留在捷克和乌克兰境内，它们大概可以追溯到二万五千年前。而由圆柱来承担屋顶压力，并有横梁的建筑在欧洲大概不会早于公元前三千年以前。用于纪念性目的的史前巨石以及在数块立柱石上覆盖大块扁石的史前遗物“大石台”（Cromlech），大概最早可以追溯到距今五千到六千年。它的基本形式是在二块直立粗石块上置一水平的楣石的所谓“三石塔”（trilith），古埃及和古希腊的许多最早的神庙就是建立在这种三石塔的原理上的。因此相比之下，人为自己建造住所比之为神建造住所是古老得不可比拟的。

建筑的起源虽然毫无疑问应该是比较早的，但是它显得与其他艺术缺乏必要的发生学上的联系。只有斯宾塞认为书面语言、绘画和雕塑在原始社会神权统治下，最早都是建筑物的附属物，后来才由

"同质"发展到"异质"，这种发展不仅表现为雕塑、绘画与建筑的分离，而且雕塑和绘画本身也日益分离为各种不同的形式。

现在保存下来的人类最早的艺术痕迹是雕塑，它们的出现甚至比洞穴岩画还早。而被绝大多数学者推测为最早的雕塑作品是法国洛赛尔（Laussel）出土的《持角杯的少女》，又称《洛赛尔维纳斯》。它是雕刻在一块石板上的女性裸体浮雕。其他的一些女性裸像散见于欧洲广大地区。有些看来是按照一定的因袭模式制作的，总是带有一种过分夸张的肉体特征。其中尤以奥地利出土的《温林多府维纳斯》（Venus of Willendorf）为著名。她高约四英寸，由石灰石雕刻而成。她的头发被雕成精细的波浪形，有人推测这可能就是当时妇女的发式。在捷克维斯托尼斯地方发现了 11.5 厘米高的女性裸像，她用黄色粘土和长毛象骨灰混合起来的材料塑成而后被烧结，目的在于使其坚实而便于携带。此外还有法国出土的象牙雕刻女孩头像和法国上加罗纳的莱斯皮格出土的女性裸像。曾经有相当多的学者认为这些女性雕像是爱情的副产品，对此，马克斯·德索认为："当代在对最早艺术的研究中几乎没有发现有性爱的倾向。我们曾经相信爱情导致了最早的艺术家去刻画了岩壁上少女的朦胧轮廓，这种幻梦消失了。最早的雕塑是女性的雕像是确实的，但这些事实并不就能清楚地意味着它就是起源于性爱。也许这些雕像只是一些偶像，之所以以女性为对象可能由于其它的原因。"① 所有这些女性雕塑都被认为创作于奥瑞纳文化期。当时天气严寒，但许多克罗马侬人仍然散居在欧洲广大草原上。他们在地下挖下浅坑、用猛犸象的骨骼、树枝、兽皮搭起简陋的窝棚，以不可思议的耐寒力抵挡了风雪。今天尚能依稀地看出这些浅坑的痕迹，它们常呈现为不规则的椭圆形。这些地方就是女性雕像出土的地方。这似乎表明斯宾塞的推测是正确的：雕塑最早是建筑的附属品，它们通常被埋于近墙或近火的地方。

我们今天所发现的最早艺术作品无例外地都是造型艺术，这并不就能证明造型艺术就是最早的艺术，理由很简单，因为造型艺术所使

① 马克斯·德索：《美学与艺术理论》，底特律，1970 年版，第 256 页。

用的媒介材料是最耐久因而也最容易保存的材料。而口头流传的神话传说，诗歌，歌唱，音乐，舞蹈，哑剧都已荡然无存。所以结论无非是今天所能提供的史前造型艺术实际上只是整个史前艺术的一鳞半爪而已。

企图对史前口头文学和音乐采取的种种假设，由于缺乏实证材料而使这些假设处于摇摆状态，所谓“史前”的含义也就是指在书写发明之前的历史时期，但广义的文学不局限于书面文学，而且还应包括口头文学。它应当在书面文学之前很久就有了。实际上包括希腊神话在内，都是靠着口头文学世世代代传诵下来直到被记录在书面语言中为止。可以这样设想，在印刷术发明之前，世界上绝大多数的文学作品它的非书写部分肯定要比书写部分多得多。在印刷术发明之后，情况才发生了根本性变化，音乐和诗歌这种转瞬即逝的艺术形式由于便于符号复制而成为最易保存的艺术，而相反，原来最为持久的造型艺术由于无法进行符号复制而成为最易损坏的艺术①。

按照沃纳（H. Werner）的说法，原始人最早的抒情歌是由没有意义的词或一种带有手势的语音组合而成。它往往从舞蹈中产生出来，而词的补充则更晚。亚当·斯密由于看到无意义的词它所具有的原始特征仍保留在民谣的结尾中而下了这样的结论，这些没有意义的或纯粹是音乐的词由于可以被另一些词代替，这些替换进去的词却可以表现某些意义，而它的韵脚又可以和被替换的词完全一致，就像音乐中的词所做到的那样，那么这就是诗的起源。

持同样看法的人是很多的。威廉·基德说：“当代一些野蛮部族的歌唱，例如南非黑人、澳洲的塔斯马尼亚人或印第安的山林部族，仅仅只有一些最简单观念的单调重复，它只是一些同音反复的声音而

① 正是在这个意义上有人指出：“艺术品被当作一个人，弄坏画布或大理石也就是损害了这个人。这样一来，我们就可以看到审美的艺术作品也是会死的，就像一个人那样，它会变苍老并且很容易受到物理退化的损害。”见 T. 宾克里（Timothg Binkley）：《反审美的艺术作品》，载《美学与艺术批评杂志》，1977 年春季号。

已。但它们仍然使人愉快，现在世界上所有的诗歌都进化了，要找出其开端已是毫无希望的了。但现在它还存在在最不发达的野蛮人那里，我们还能看到它的原始状态的一幅图景。”① 他认为，在个人或种族的幼年时代，诗、音乐、舞蹈是联在一起的，它们有着一个共同的根源，在词的韵律的重复中有诗的起源，在音调的变化中有音乐的起源，在动作的重复和歌唱的同时，有舞蹈的起源。这三种艺术可能是最原始的艺术，它们可能同时出现在一种粗糙的原始形式中，而当部族文化发展以后，它们之间的差别才逐渐扩大。这样诗、音乐、舞蹈是起源于同一时代。基德甚至认为这三种艺术形式可能出现得比人类说话的时间更早。他举出了安达曼群岛（Andaman）的土人为例，说他们的智力水平甚至比受过训练的狗还要低，可是仍然有着最基本的对诗的辨别力并能理解歌唱和舞蹈。在最低智力的野蛮人对韵律和节奏的理解中有着诗的萌芽，而这种情况在智力甚高的狗那里是不会有的。当这种能力充分进化了的时候，它就变成了诗的真正积极的东西。随着时间的推移，它们愈来愈规范化，于是格律最终被承认为是诗的一种要素。

马克斯·德索也认为：“当一个原始人兴奋地说话时，常和我们今天的情况相似，他用重复去强调它，使之在情绪上更有影响力和说服力。同样，一个原始部族的歌往往只是一段非常平常的词句的简单重复，整个思想的重复可以很容易地被压缩成开头部分和结尾部分的重复，这样对偶就出现了，并且对偶渐渐变成了韵律和格律。”②

戏剧的产生虽然被许多社会学家看作是所有艺术形式中的最后形式，③ 在戏剧这种形式的现代意义上说，这当然是确实的，因为一部戏剧往往包括了所有艺术形式的有机综合（不是凑合），因此它只能是文化高度发展的产物。但是希尔恩认为：当我们涉及原始部族的艺术时，应该采取一种较低的标准，虽然在戏剧的初创阶段上我们不可

① 威廉·基德：《美的哲学》，伦敦，1904 年版，第 117 页。

② 马克斯·德索：《美学与艺术理论》，底特律，1970 年版，第 247 页。

③ 参见塔德：（Tarde）《社会逻辑》，巴黎，1895 年版，第 445～446 页。

能遇见悲剧或喜剧，但至少存在着这样的事实：最简单的笑剧(farces)、哑剧以及哑剧性质的舞蹈常常可以在原始部族中发现。而这些部族往往还不能创造任何一种叙事诗，连抒情诗也还只限于少数没有真正意义的有节奏的句子而已。因此，在戏剧这个词的最广泛的意义上，在那种再现某一活动的表演的意义上，它也可以说是所有摹仿艺术中最早的。它确实在书写被发明之前就存在了，作为一种思想的外在符号，行动的摹拟可能比词更为直接，因此它有可能比语言本身还要古老。① 有趣的是在马克斯·德索和希尔恩的著作中都引述了马勒里（Mallery）曾描述的阿拉斯加印第安人（Alaskan lndian）在交谈时常常用右手的食指在左手上比划，左手被当作一个本子那样被使用的例子②。一些旅行者曾吃惊地发现绘画怎样影响着原始人的表述，因为他们不能单独通过说话来进行清楚明晰的思想传达，这与其说他们是想用图画去表达思想，还不如说想用图画再现客观事物。这样，“可视的词”就发展为会意文字和象形文字，而后才有语言符号的发明。希尔恩还指出，虽然象形文字和会意文字被用于语言符号的发明之前，但不应得出这样的结论，以为只有诗和图画在这种方式上才服务于思想传达的需要，实际上原始部族中无论哪一种低级的艺术形式，无论是舞蹈、哑剧，甚至装饰，都是交流思想的重要手段。

以上的种种论述，实际上已经透露出这样的一种看法，即认为各门艺术并不是由一种艺术所派生的，艺术从一开始就有着彼此根本不同的原始类别，从产生时就是高度专门化了的，并且是在互相独立又互相影响的状态下发展的。即使在时间上较晚产生的艺术形式也决不是从较早产生的艺术中派生出来的。因此在各种艺术形式之间并不存在谁产生了谁的发生学上的关系。正是在这种意义上，一个较为附合实际状况的原始艺术分类原则由霍恩斯（Hörnes）提出。他把所有艺术分成为三对：（一）以人体为媒介的艺术，如文身装饰和舞蹈；

① 参见于尔约·希尔恩：《艺术的起源》，伦敦，1900年版，第150页。

② 参见马克斯·德索：《美学与艺术理论》，第245页和希尔恩：《艺术的起源》，第152页。

（二）为了视觉的需要而在空间中展现的艺术，如雕塑、绘画、工艺器物装饰等造型艺术；（三）为了听觉的需要而在时间中展现的艺术，如音乐和诗。而这三对艺术都有着同一的外部关系和内部关系：外部关系即物质材料的媒介，它表现在第（一）对艺术中即是以有生命的人体为媒介材料；表现在第（二）对艺术中即是以无生命的物质为媒介材料（如雕塑用青铜或大理石等）；表现在第（三）对艺术中即以声音为媒介材料。而同一的内部关系在第（一）对艺术中则表现为抽象的审美形式；在第（二）对艺术中则表现为对具体事物的摹仿；在第（三）对艺术中则主要是一种情感的表现。

假如以这个分类原则为标准，那么目前能够存在的最早艺术作品只能是第（二）类的造型艺术，而第（一）、（三）类是不可能存在的。事实也确实如此。这样，在理论的探讨上就必然形成这样的状况，对最早艺术的研究愈来愈集中于有物证作依据的造型艺术上，自19 世纪末 20 世纪初就渐渐使这样的一个问题变得更为突出了：究竟是现实主义风格发生在先，还是抽象的几何形装饰风格发生在先？这其实完全是造型艺术范围之内的命题。就像托马斯·芒罗所说的那样："今天看来，冰河期存在着古老的现实主义艺术这是无可怀疑的，但是在它以前究竟还有没有一种高度发展了的抽象的图案形式呢？对此我们还缺乏任何知识。"①

一种意见认为应该是抽象的几何形图案在先，理由是人类对它有一种天然的爱好。他们往往把原始工具上一些最简单的刻纹也算作是原始人对这种爱好的证明。认为即使在最简单的二方连续图案中也表现出人类"互助合作"的天赋。同样，原始人在自己身上或工具上进行几何形装饰，都是出于对这几何形装饰的审美爱好。这种理论进一步认为以自然为对象的再现性绘画，都是在几何形图案形式的基础上发展起来的：圆形变成了头部，圆锥体变成了身躯，一个两头带钩的"ᴗ"字形，意味着伸开手臂的祈祷姿态，圆环形的项圈象征着

① 托马斯·芒罗：《艺术的发展及其他文化史理论》，纽约，1963 年版，第138 页。

"永久的拥抱"等等。到了后来,才完成了几何形向写实的过渡。

戈特弗里德·森珀(Gottfried Semper)对艺术起源的解释是沿着这样的艺术类型序列而发展的:最早是出现在建筑或实用艺术中的装饰性主题,它们是在驾驭物质材料的技巧过程中发展起来的。原始艺术经过长期的对这些装饰主题和因袭以后,导致它们发生的技巧上的痕迹消失了,后来这种装饰性的形式又再一次被用于陶器的制造。森珀否认装饰起源于对某些实物的变形摹仿,也否认植物的变形图案在最早的装饰纹样中起过重要的作用。他的这些看法得到另一些人的支持,例如冯·孔兹(Von Conze)也认为几何形的、因袭的、非写实的装饰在艺术中必然是最早的,因为它最接近于最原始的技术。卡尔·比勒(Karl Bühlen)认为最原始的绘画发展为四种后来才有的形式:(一)书写;(二)图解式的装饰;(三)像地图那样的略图;(四)精确的再现性绘画。

在大量的史前造型艺术被发现以前,西方对古代绘画和雕塑的流行观点完全是建立在对古埃及、希腊和罗马艺术的考察和偏爱上的,而且假设了这样的发展过程:艺术的进步是由缺乏写实的风格朝向现实主义,即愈来愈写实的风格而发展起来的。这种假设在史前洞穴壁画被发现后受到了冲击,因为很明显,业已证明最早的艺术在写实的能力上已是十分成熟的。

与那种认为艺术的进步是由缺乏写实风格到获得这种风格的理论相反,克里夫·贝尔(Clive Bell)和罗杰·法赖(Roger Fry)由于坚持再现性因素在艺术中是非审美的,而对再现性强的现实主义绘画采取了一种否定的态度。他们把诸如色彩、线条、体积感这样一些所谓纯粹绘画性的特征作了充分的强调,并在那种被他们认为是和艺术无关的、被物的外形所唤醒的生活情感和那种对形式本身的静观而出现的审美情感之间作了区别。与摹仿论者所认为的艺术是再现性创造的看法相反,他们认为只有脱离了事物外观的纯形式的艺术才是真正的艺术,审美的艺术。被他们所强调的所谓的"有意义的形式"(significant form)在当代文艺批评中不仅被运用于造型艺术,而且直接波及到其它的文艺领域。例如在文学批评中这种理论把诸如韵律、结构等形式因素绝对化了。但是这种理论在解释装饰性概念时，可能具有较大的说服力。

另一种理论则认为在发展顺序上正好颠倒过来，最初几何形的出现不过是客观事物的一种简化或硬化了的模写，原始人画圆圈常常为了再现太阳的形状（有人甚至认为编织也起源于对太阳光的崇拜，因为圆形或圆椎形的编织在开始时总是呈现为放射状，它象征着太阳的光芒)。原始人画一些断断续续的黑色斑点和波状的曲线是为了再现蟒蛇的花纹和它的游动能力，因此几何形也只是一种简化或硬化的写实方式，后来的进一步发展才使它的变形达到无法以实物去加以对照的地步。支持这种理论的一个强有力的证据是时间的顺序。阿诺德·豪译（Arnold Hauser）说：“我们所具有的最早艺术属于绘画……就视觉艺术的起源而论，它就是旧石器时代的洞穴壁画，它们最动人的地方就是显著的写实风格和几乎毫无例外的再现性特征。……而几何形的装饰风格要到公元前五千年到五百年之间的新石器时代才在艺术产品中占优势地位。”①霍姆斯(W. H. Holmes)和哈登也认为现实主义是最早出现的艺术风格。霍姆斯在1888年对巴拿马的奇里基(Chiriqui)艺术的研究中,认为它是从现实主义的风格过渡到抽象的符号形式。哈登(A. C. Haddon)则认为装饰风格是由于摹仿趋势的衰落而引起的,他把艺术主要发展阶段分为信息传达(information)的阶段,繁荣的阶段和宗教的阶段,也就是现实风格从“开始”、“发展”到“衰落”的阶段。他还指出了在“信息传达”阶段上,艺术与象形文字的密切联系。霍贝尔指出:“所谓的画卵石(painted pebbles)上的形象实际上是书写系统的一种萌芽状态。”②

第三种意见认为几何形装饰既不起源于对现实事物的模仿，也不在于原始人想在几何形装饰中追求某种审美的愉快，而只是一种技术的需要。他们依据原始艺术非常稀少，而又常常与实用目的有关这一事实，认为是某种实用的需要在影响着几何形形式。因此，这种装饰

① 阿诺德·豪译:《艺术史的哲学》,纽约,1958年版,第309~310页。

② E. A. 霍贝尔:《原始世界中的人们》,纽约,1958年版,第273页。

风格是从另一块园地，即实用的园地上移植过来的。例如在石斧和木棒连接的地方，以及水罐穿背带的地方必然会出现由绳索组成的交叉线，它在长期的适用性中就会获得一种装饰的意义。像编织品、原始的纺织品以及后来陶器的发展，几何形都是它们自身发展的一种技术需要。持这种意见的人认为装饰也就是在被装饰对象上所体现的人类活动力量的一种符号，它不但解决了实用客体的工具价值并且也支配了它的形式，因此当一种装饰性图案被使用时，引起了它的价值被证实的感觉，这样，它也就进入到了审美的领域。1908 年，弗朗兹·博厄斯（Franz·Boas）对古代爱斯基摩人针线盒上装饰纹样进行了考察，得出结论说它的风格是从几何形趋向现实的动物形象。但他又说并不是所有的情况都是如此，有的情况恰好相反。哈登曾呼吁所有持不同见解的人不妨暂时停止争论，等待更多的事实来加以检验。

在本文临将结束之时,我们还想把一个重要问题的两种尖锐对立的观点再重申一下,到底是艺术在先,还是美感在先？弗朗西斯·J. 科瓦奇（Francis J. Kovach）曾这样写道：“现在人们都已知道早在史前时代的旧石器时代就有了最早的艺术家和他的作品，像雕刻作品中的温林多府维纳斯，洛赛尔维纳斯以及拉斯柯的洞穴岩画，这些都是奥瑞纳文化期的作品，而像尼欧洞穴，或枫-德-哥姆的岩画和图特·奥德伯特洞穴（Tucd’ Audoubert）的泥塑野牛则属于马格德林文化期的作品，西班牙的阿尔塔米拉洞穴和莱万特洞穴（Levant），这些都是数以千计的史前艺术中的少数例子，而且都是几万年前的作品。这些作品证明着史前人对自然的鉴赏和审美的兴趣。和这些早得令人吃惊的作品创造和美的欣赏比较起来，对美的哲学探讨不知要晚多少个几千年，甚至在荷马、赫西阿德及最早的宇宙论之后几百年才正式开始。因为只有到了苏格拉底时才第一次去对美提供某些普遍标准和原则。”① 照这种说法，这些史前艺术是在史前人对自然的鉴赏和审美兴趣的推动下产生的。因此先是有了美感而后再有艺术。但是正如他自己已经发觉的,如果这样去理解艺术的诞生,那么在美的理论和美

---

① 弗朗西斯·J. 科瓦奇：《美的哲学》，诺曼，1974 年版，第 139 页。

的实践之间何以要相隔几万年的距离,确实是难以解释的。所以可能还是希尔恩说得对:“在第一次的艺术作品被创造以前,艺术的冲动和艺术的感觉必然处于非常不发达的状态。在它们被实现于某些客观作品之前,审美的要求不可能达到它自觉的目的。”①或者说马克斯·德索的话更对:“在这点上我们必须让自己记住:艺术的对象和审美的对象并不是同样的东西。否则我们怎么还能去谈论史前艺术呢?”②

实际上人类并不是先有了审美力而后才有艺术,而是相反,先有了艺术,而后才培养了审美力。科林伍德在《艺术原理》中曾指出:“为了弄清楚‘艺术’这个词的含糊性,我们必须把它放到历史中去考察。这个词所具有的那种审美意义,那种我们所涉及的意义,它的产生是非常晚的。艺术一词在古代拉丁文中就像在希腊文中一样,意味着另一种非常不同的东西,它意味着一种技艺或专门化了的技巧形式,像木工、铁工、外科手术之类的东西。”③ 沃莱虽然认为美产生于艺术之前,但他也承认“无论我们怎样认为在美和艺术之间有一种自明的关系,但柏拉图很少认为这两者有什么关系”④。古希腊所谓美,实际上指美好,其中“善”的成分也许更多些。这就是在艺术实践和美的哲学探讨之间何以会相隔几万年的唯一可能得到的合理解释,因为艺术在起源时其实是与美无关的。

情况如果真是如此,那么马克思的名言,“艺术对象创造出懂得艺术和能够欣赏美的大众,——任何其它产品也都是这样。因此,生产不仅为主体生产对象,而且也为对象生产主体”⑤,将在一种新的意义上被再一次证明为正确的。

(原载《美学》,第 2 期,1980 年)

① 于尔约·希尔恩:《艺术的起源》,伦敦,1900 年版,第 144 页。
② 马克斯·德索:《美学与艺术理论》,底特律,1970 年版,第 254 ~ 255 页。
③ R. G. 科林伍德:《艺术原理》,牛津,1955 年版,第 5 页。
④ 沃莱 (J. C. Warry):《希腊的美学理论》,伦敦,1962 年版,第 52 页。
⑤《马克思恩格斯选集》,第 2 卷,第 95 页。

皮博迪博物馆访问记

皮博迪博物馆，全称皮博迪考古学和人种学博物馆（Peabody Museum of Archaeology and Ethnology），它从属于哈佛大学，成立于1866年，是世界上最著名、最古老的考古学和人种学博物馆。

1986年4月30日，我乘火车从纽约到了波士顿，住在离哈佛大学很近的一个小旅馆里。哈佛大学有无数没有任何标记的出入口，进出极为方便。在纽约时，早就听说哈佛大学几个附属的艺术博物馆素来有小而精的美誉。一到波士顿，立即有人向我介绍这里的艺术博物馆如何如何的好，例如，莫奈画过三幅《日出》，其中有一幅就在这里的一家小博物馆里。不过，这一切似乎都引不起我的兴趣，我之所以来这里，就是想见一见我从未见过的欧洲旧石器时代的艺术，而这样的东西一般是不会公开展出的，除非有一个特殊的理由。例如，1978年纽约曼哈顿自然史博物馆曾举行过一个叫“冰河时代的艺术”的展览，这个展览会收集了250多件世界上最古老的艺术作品。那么，为什么要在1978年举办这次展览呢？原因就在于1979年正好就是世界上第一个史前洞穴西班牙阿尔塔米拉洞穴发现100周年的年份。

5月1日，一早我就来到了皮博迪博物馆。那是一幢非常古老的建筑，也许我走得太快太急，木质的楼梯常常会吱嘎吱嘎作响。不到半小时，我已把楼上楼下各个展室都扫视了一遍，展品可称得上是琳琅满目，可就是没有我想要看的旧石器时代的艺术作品。我很懊丧，后悔在纽约访问亚历山大·马沙克（Alexander Marshack）时，没有顺便问他一下皮博迪博物馆到底有没有这种东西，有的话，通过什么办法才能见到。不过，后悔药吃不起，时间那么宝贵，既然来了，就有什么看什么吧。皮博迪博物馆中玛雅文化的藏品特别丰富，光是玻璃柜中陈列的具有人像图案装饰的小型雕刻作品就有数百件之多。我看了以后，当时就觉得玛雅文化中的纹饰和我国殷周青铜器的纹饰只是在大效果上有些相似，两者之间可谓貌合神离，越看越不像，如果真的存在同源性，早就应该有人作“举证证明”了。其他，还有18世纪时特林吉特人（Tlingit）画在鹿皮舞裙（dancing apron）上的奇特的动物变形形象。正好就是弗朗兹·博厄斯（Franz Boas）在《原始艺术》一书中提到的那种。它是特林吉特人的首领在“夸富宴”上送给客人的一种礼品。

因为我来得太早，展室中除我以外，空无一人。突然，听见隔壁一间展室发出敲击的声音，进去一看，见到一个工作人员正蹲在那里更换展品，我连忙问他：“请问这里哪一间展室有旧石器时代的艺术?”他开始听不懂，当我重复一遍后，他若有所悟，一面锁门，一面对我说：“跟我来!”于是他很快地把我带进了一间展室。实际上，在他还没有退出这间展室之前，我已经知道他搞错了。那是一间我早就看过了的陈列旧石器时代石器的展室，而并没有什么艺术品。当我把这一点告诉他时，他也很无奈，说：“我们的一些最古老的展品都在这间展室里，其他就没有了。”我谢过他之后，只好再回过头去，看一些现代原住民的作品。

我在狭窄的走道上迎面又遇到一位年轻妇女，看样子是这里的工作人员，我立即向她提出了我的问题。她却反问我：“你怎么知道我们这里有旧石器时代的艺术作品?”我说我是从亚历山大·马沙克的文章中看到的。(其实，我只是推测，马沙克在文章中只是提到过他在显微镜下观察某件旧石器时代的作品，而并没有提到过这些作品是哪一个博物馆的藏品。)但我没有告诉她我认识马沙克，没有告诉她前几天我还在纽约拜访过马沙克。我不想拉大旗作虎皮，而文章却是什么人都可以看的。我见她足足迟疑了十几秒钟，然后斩钉截铁地说：“跟我来!”语言真有一种奇妙的情感功能，这一声“跟我来”和上一个“跟我来”听上去很不同，它明显是经过了思考的产物，因为万一出什么偏差，这个“跟我来”对她来说就是失职。于是，我跟着她乘电梯到了博物馆的底层。今天（1986 年 12 月 16 日）我已经记不起我们当时究竟寻找过多少间屋子，她寻找的不是艺术品，而是人。她找了什么人，是不是作了请示，这些我都并不清楚。最后，她把我带进了一间宽大而又杂乱的工作室里，里面的人正在忙着自己的事情。她叫我坐下等她，就出去了。我看表，已经过 11 点了。

不久，她，维多利亚·斯韦德洛娃（Victoria Swerdlow），皮博迪博物馆的藏品总管（collections manager）抱来了一个大盘子，里面装满了欧洲旧石器时代的艺术作品，其中只有 3 件是复制品。我估计可能是该馆全部旧石器时代艺术品都在这个盘子中了。即使是复制品，例如温林多府维纳斯（Venus of Willendorf），也不是容易制作的，据说不但外观要复制得惟妙惟肖，质地要和原作一模一样，就连重量也要相等。可见其难度之大。我把它放在手里，只觉得沉甸甸的，绝不是什么做来玩玩的东西。至于那些真品，即使是残片，也件件都是稀世珍宝。它们每一件之所以能重见天日，不知要花去史前考古学家多少精力，而且只有在非常侥幸的情况下，才能有所收获。当斯韦德洛娃把一件件原作轻轻地递到我手中的时候，我整个感觉就像在做梦一样。它们当时绝对是件神圣的东西，事隔万年，它却变成了艺术品！

机会难得，我立即拿出了照相机。它是一架苏联捷尼特单反相机，我还为它配到了近摄接圈，就连邮票大小的东西也可以拍。但不凑巧，近摄接圈忘了带来。正在此时，旁边另一位博物馆的工作人员，也是相片卷宗保管员（photo archivist）丹尼尔·琼斯（Daniel Jones）先生走了过来，立即从抽屉里拿出了一架带有近摄功能的最老式的尼康相机。我立即把带来的彩色胶卷交给了他。但是，我们仍然缺少两样东西：阳光和三脚架。当我和斯韦德洛娃把全部宝贝小心翼翼地转移到另一间光线充足的房间时，琼斯先生带来了两个大型的三脚架，其中一个竟然是木质的！借着从玻璃窗射进来的阳光，一件又一件地拍摄。

这时，还发生了一件事：我看见一个中国人迎面向我走来，他个子不高，双目炯炯有神，手里拿着一个极小的饭盒，看来，也是准备吃饭。我说："您是张光直先生吧？"他说："是呀！你是从北京来的吧?”我说:“我是社科院的,不过不是考古所,而是哲学所。我对欧洲旧石器时代的艺术有兴趣,所以远道而来,想拍些照片带回去。”他说:“真不巧,我马上要去接待一个客人,否则,我们可以好好谈一谈。”我看他行色匆匆,就说:“您先用饭吧,假如还有时间,我们再谈。”不一会,他就吃完饭走了过来。我看他实在是忙得可以,所以开门见山地问他:“我有一个问题要请教先生:您知道不知道中国旧石器时代有什么和艺术有关的新发现?”他说:“前几年倒是有个重要发现,是中国科学院古脊椎动物研究所的尤玉柱先生在峙峪遗址发现了一块骨雕,文章发表在《科学通报》上,是1979年,还是1980年,记不清了,你回去查一下就知道了。时间在两三万年前呢!”我听到这里,赶紧把小笔记本和笔掏出来交给了他,说:“我怕记不住,请您写在这上面,行吗?”他拿起笔就写下了:“尤玉柱,峙峪遗址出土骨黑刻纹(以下两字无法辨认)科学通报1979?80?”他把笔还给了我,又掏出了他自己的笔,在小笔记本上飞快地写上了两本书的作者和书名,说:“这两本书都主张古代原始艺术是一种教育手段,你一定要去把它们买来读一读。”最后,他像发电报似地对我说:“要注意动物与祭祀的关系;北京猿人只有头,没有身体,这是个问题。”说完这几句话后,他就匆匆离开了。这是我第一次、也是唯一一次见到张先生,时间总共也不会超过十分钟。给我的印象是这样一个国际知名的学者,不但一点架子没有,而且他想帮助任何一个初来美国的中国学者。我后来一回到北京,就去找《科学通报》,张先生只是把日期记错了,尤玉柱先生的文章发表在《科学通报》1982年,第16期。可见他对我国旧石器时代与“艺术”有关的发现是多么的重视。

照片拍到一半时,我见到许多人正在吃午饭,一看已经是下午1点钟了。我对他们两位说:“太抱歉了,我因为太兴奋而忘了饿了。”斯韦德洛娃也说:“我们也忘了饿了!”这样,一共照了30张旧石器时代艺术的照片。许多是两面都照,所以总共是照了16件作品。最后,琼斯先生问我,还剩下6张怎么办?我说我们一起照几张留个纪念吧!等到全部照完,正好是下午2点钟。我心里的感激和兴奋真是无法形容，不过，除了说声谢谢之外，几乎什么都说不出来。美国并不是所有机构都拥有最先进的设备，世界闻名的皮博迪博物馆直到20世纪80年代，竟然还在用木质的三脚架和最老式的尼康相机。我一看到它就对琼斯先生开玩笑说："它年纪不小了！"琼斯先生幽默地指着斯韦德洛娃说："有她那么大了！"

等到我向斯韦德洛娃和琼斯两位告辞出来时，我看见张光直先生正在和一位老先生站在那里拍照，那位老先生可能就是贾兰坡先生。周围还围着许多人，我不便打扰，就走远了。

1986年12月16日补记，本文在收入本书前未曾发表过。

祖宗不好当

——有感于“殷地安”

至少在三万年前，美洲就有了它的第一批居民，他们是印第安人。但他们从何而来，却众说纷纭。西方人类学家分成了两派：一派主张他们来自亚洲，因为按照体质人类学的观点来看，印第安人主要是蒙古人种；另一派则认为印第安人由许多不同的种族所构成，美洲印第安人最早来自澳洲和美拉尼西亚。前者被称之为美国学派；后者被称之为法国学派。有趣的是，近30年来，这两派的论证方式却不约而同，他们都主张运用语言比较的方法去证明印第安人的种族起源。认为对不同语言符号之间的相似点唯一的解释是它们的语言系统有着一个共同的来源，打个比方：譬如“我”或“我们”在上海方言中说成“阿拉”，那么如果你到了美洲印第安人那里，发现他们也把“我”和“我们”称之为“阿拉”，甚至会说：“阿拉是印第安人”，那么我们就可以得出结论说他们的祖先来自上海。同样，居住在纽约的意大利人之所以被认出是意大利人，就因为他们说意大利话，就像在美国比萨饼店里听到意大利人谈话那样，在语言上没有经过训练的人的普通谈话，恰恰最能精确地表明他来自何处。

美国加州大学富勒顿分校人类学教授奥托·J. 冯·萨道夫斯基（Otto J. Von Sadovszky）认为今天的加利福尼亚印第安部族中几乎有80%的口语还在他们亚洲西伯利亚的部族中继续使用，这就说明它们来自同一个语言系统。按照他的结论，曾经被认为失去“中间环”的18个加利福尼亚印第安人部族的起源问题可以提前到40000年前。语言学的证明表明，约3000年前马里纳斯岛西海岸的米沃克印第安人（Miwok Indians）是经历了30年的长途迁移后，从西伯利亚的乌拉尔山脉东部来到加利福尼亚的。在近25年的研究生涯中，他发现今天居住在美国蒙特利（Monterey），博德加（Bodega），萨克拉门托（Sacramento），圣华金（SanJoaquin）等地的印第安人的生活和今天乌拉尔山区的6000沃古尔人（Voguls）以及在数量上有17000的奥斯加人（Ostyak）在语言上之所以相近就因为他们有着共同的祖先。

在这以前，几乎所有的比较语言学家都梦寐以求去确定美洲印第安人的最早故土，然而亚洲与美洲在语言上的联系并非容易发现的，原因就在于白令海峡的周围环境。北极，尤其是白令海峡在许多学者看来就好像是一种语言上的消音器，凡是阅读过涉及这次长途迁移有关文献的人总是很难发现其中涉及语言方面的东西。好像古代的狩猎者都是沉默而孤独的人，他们无声无息地为追赶猎物而穿越无边无际的西伯利亚荒凉的冻土带。但是，新的语言学证明却呈现了完全不同的图画，北极并非语言上的消音器，在那里，通讯联络是文化和生活上的必需，反之，孤立则是致命的和自杀性的。因此我们必须改变过去对印第安人祖先形象的想象，而代之以一种新的有关狩猎者和渔猎者的知识。他们的长途跋涉是有计划、有目的的，并选择了最正确的方向，他们和妻儿一起旅行，只有在警戒时他们才沉默，否则他们就会说话、歌唱或祈祷。白令海峡当时是一个巨大的语言混合地，一个各种语言规则的拼凑地，任何一种途经白令海峡的文化，都必然会有语言上的混合。大量比较语言学的证明已启示了加利福尼亚印第安人和他们从美洲跨越白令海峡时所说的语言是非常相似的。

在20000年前西伯利亚是和阿拉斯加连在一起的，有些地方海底露出形成陆桥。那时，白令海峡并不是不可逾越的障碍，最简单的装备都能帮助西伯利亚的部族不断迁徙，并在西伯利亚和加利福尼亚之间建立起连绵不断的宿营地，只要语言现象曾经存在过，它就会以惊人的方式被继承下来，从而为早已消亡了的历史性大迁移留下蛛丝马迹。今天定居在旧金山的印第安人把居留地称之为“Awas-te”，而西伯利亚部族直到今天仍然用“awas”来表示河口，而“te”则意味着地方。又如马萨诸塞州地区的印第安人把“山”称之为“Tamal-pais”，而对西伯利亚北部的奥斯加克人，“pais”意味着山丘或山，而“Tamal”则被奥斯加克人的近邻古尔人经常用来指山丘或山。根据传教士圣·胡安·包蒂斯塔（San Juan Bautista）在1815年所作的记录，西伯利亚把“冷”称之为“asirim”，而根据圣·克鲁兹（Santa Cruz）在1856年所作的记录，西伯利亚人把“冬天”称之为“asir”，沃古尔人把严寒称之为“asirma”，而这些词直到今天还在美洲印第安人中广泛使用并保持着原来的涵义。

下列的对照表可以更为清晰地表明，在西伯利亚部族和加利福尼亚印第安人部族之间有许多基本词汇存在着明显的相似：

词汇	西伯利亚部族	加利福尼亚部族
地震	nowiti	wea nowit
小山	pai	pais
房屋	kwel	kewel
城镇	us	use
弓	jow-i	jawe
箭	hot-nol	not
弓弦	kaliy	kali
迅速	tul	tulim
小刀	kesi	kice
捕鹿	wel	wel
麋鹿	nop	nop
河狸	xuntel-kontel	kotul
野兔	nomu	nomeh
松果	sana	saanek
老人	amp	ap
浆果	pil	piila

那么法国学派又是怎么看的呢？分歧首先是当时的白令海峡究竟存在不存在陆桥？在这个问题上，保罗·里维特（Paul River）的看法非常典型，他认为此路不通。古典地质学可使我们得出如下结论：在人类出现的时候，美洲显然已形成了它目前的面貌，因此，这块大

陆的拓展史，不应与新旧世界之间古代曾有过的任何陆路联系搅在一起，也不能认为进入美洲的渠道与目前的水路有什么不同，可能有什么陆路。南美印第安人的祖先主要来自澳大利亚和美拉尼西亚，为了确定南美印第安人的来源问题，他对现有美洲印第安人的骨骼遗存、血型、语言系统和各种文化模式和其他民族进行了比较研究，认为亚洲并非早期美洲人的唯一起源地，约在6000年前，就有来自澳大利亚的移民，后来又有来自美拉尼西亚的移民。澳大利亚和南美南端的距离是很短的，在这两个大陆之间存在着一系列的陆地可作为歇脚站来使用。因此澳大利亚人完全有可能走这条路。同时，他也使用语言比较的方法来证明两者之间的联系，认为在南美印第安人的语系中有一种明显的倾向就是省略词首字母 Y 和 W，或用同样方式南美印第安语常以词尾 en，in，un 来取代澳大利亚语的词尾 a，e，u：

词汇	澳大利亚语	南美印第安孔语族语
头发	yal	aal
牙齿	yorra	orr
人	yalli	al，hal
皮	yuli	uljh
生命	garka	karken
粪便	guna	ganun
美洲狮	gula	gōlen
膝盖	tana	tanin
胸	ammu	omen

同时，他认为在美洲，美拉尼西亚人的影响比澳大利亚人的影响更重要。美洲具有和大洋洲相同的文化成分，它涉及生活的各方面：武器，工具，运输，交通，航运，房屋，日常用品，服装装饰，计数方法，乐器，游戏，烹调，农业，捕鱼法，宗教，自残，以及苦娃达（couvade）习俗等等。而且在这种相似性中，所有共同因素的根源都是属于美拉尼西亚的。在语言方面，里维特又把马来-波利尼西亚语和美洲的霍卡语进行了比较，认为在霍卡语中有281个词汇和马来-

波利尼西亚语的词根完全相同，也就是说它们来源于大洋洲有关的语言。①

词汇	马来-波利尼西亚语	美洲霍卡语
木头，木材，火	ahi ahe，ai	al，ahi，hai
嘴	haha，vaha，vaha	vaha，ha，awa
船	valuha	baluha
牙齿	niho，noy	yo
东方	na	na
大	matoi	matō
人	tama	tama
月亮	hura，ola	hŭlla hala
海洋	tasi	tasi
鼻子	ihu	ihu
太阳	laa，la	alla，al，la
你	ma，mu，me，mo	maa，ma，mo
我	inya	inyau，nyaa

看来，里维特所作出的语言比较和前面萨道夫斯基的语言比较同样有效，到目前为止，关于美洲印第安人来源的单元论和多元论之争仍然没有结束。语言比较看起来容易做起来难。因为它至少要懂得印第安人的语言及其与其相似的其他民族的语言。如果凭空推测就毫无意义。

近几年来，我国学术界关于印第安人起源问题的讨论也常常能见诸于各种出版物，其中最引人注目的则是把“印第安”看作是“殷地安”的音译。

例如有人就说过：“印第安”即“殷地安”，“25 万殷商军民……有的到达美洲……他们念念不忘殷地安阳，见面时互以‘殷地

① 参见保罗·里维特：《美洲人类的起源》，中译本，1989 年版，第 70、89 页。

安’三字存问，成为一种习俗，一直流传下去，以致后来哥伦布到了美洲，听到‘殷地安’三字，以为到了印度。”①

这种说法是毫无根据的。因为哥伦布发现新大陆完全是歪打正着，在出发之前，他的预定目标就是印度。或者更正确地说是印度的金银财宝。被称之为“20 世纪出版的最佳英文本传记之一”的塞·埃·莫里斯（S. E. Morison）的《哥伦布传》对此有详细的记载：“印度事业（La Empresadelas Indias），如哥伦布后来所称道的他的事业，简单说来就是向西航行到达印度——即亚洲。这是他的主要思想。他希望抵达‘印度’时通过贸易或征服能得到黄金、珠宝和香料……发现美洲完全事出意外，他只在第三次西航中才承认他已找到了一个新大陆。”这一点甚至还写进了皇家的文件：“以东方为目标还有国王给哥伦布准备的两个文件为证……‘为了某些理由和目的，我们派高贵的科里斯托弗·哥伦布率领三条装备良好的帆船携带一些礼品漂洋过海，走向印度地区（Adpartes India）。’”正因为目标明确，西班牙女王伊莎贝拉曾经打算把她王冠上的珠宝换钱来资助哥伦布。也正因为目标明确，所以当他到达美洲的圣萨尔瓦多岛时，就以为到达了印度，以至于“可以在船队每个人面前清楚叫喊‘印度！’”如果哥伦布的船队真的直奔印度，那么他就不可能发现美洲了。既然是歪打正着，就必须要有人出来添乱，那么添乱的人是谁呢？是马可·波罗，更精确地说，是他的游记。据说哥伦布所有书籍中只有四本保存了下来，其中一本是手抄本的《马可·波罗游记》。（这本哥伦布在上面留下眉批的《马可·波罗游记》的书现在还保存在西班牙塞维利亚神父会哥伦布图书馆。）本来游记就是游记，它不能被当作航海指南，而哥伦布在寻找印度的时候偏偏把它当作了航海指南，他以为只要径直向西航行就可以到达印度，这个地形学上的筋斗使他一翻翻到了美洲。这种阴错阳差的两度重叠，才正好造就了一次伟大的地理发现。

在英语词汇中，印度人和印第安人是不分的，他们都被称之为

---

① 冯英子：《竹筏能渡太平洋吗?》，《方法》，1997 年 7、8 月合刊。

Indian。这肯定是当年哥伦布把美洲土著居民看作是印度人的结果，后来只好将错就错，又把同一个词用来指印第安人，任何一本普通的英语词典都能告诉我们，Indian 中的 ian 是英语中的后缀，它用来表示“在……地方的人”。在英语中，带有 ian 后缀的民族名称的很多，仅以 A 开头的为例，就有阿比西尼亚人，阿卡迪安人，阿基梅尼亚人，阿留申人，阿尔及利亚人，阿拉迪亚人，阿尔萨斯人，安迪安人，澳大利亚人，奥地利人，阿波洛尼亚人，阿帕拉奇人，阿拉伯人，阿劳欣人，亚利桑那人，亚美尼亚人等等。他们的英译名都带有 ian 的后缀。印第安人中的“安”字不过是 ian 的译音罢了，怎么能把它和安阳联系在一起呢?

哥伦布在寻找印度的同时，对中国和日本也非常向往（在他随身携带的《马可·波罗游记》的手抄本上，日本被描绘成一个用金砖铺地的国家），但是他对中国的知识却接近于零。例如，尽管元朝在 1368 年早已寿终正寝，他在 1477 年出版的埃涅阿斯·西尔维乌斯的《自然史》的旁注上，仍然 18 次把中国称之为大汗。

现在我们再来看看在哥伦布时代的美洲印第安人究竟是什么模样，有没有可能是殷人的后裔。“他们一丝不挂，出娘肚子时是什么样子现在还是什么样子。女人也是如此。”“已婚的妇女有破棉布遮身，少女们却一丝不挂。”①

虽然我们对殷人服饰的具体细节不甚了解，不过他们的甲骨文中已有各种形体的车字，殷代车马坑中车轮的轮径已达 1.22 米，周长 3.7 米以上，其速度相当可观。殷亡于公元前 1066 年左右，哥伦布登上圣萨尔瓦多岛是 1492 年 10 月 12 日，中间相隔 2558 年，裤子怎么做，轮子怎么做，统统忘记得干干净净，独独“殷地安”的问候却没有忘记，岂不怪哉!

如果殷人果真是美洲印第安人的祖先，在这 2558 年的退化过程中，怕谁也认不得谁了，中国人自己尚且认不得，更不想叫外国人相

---

① 塞·埃·莫里森：《哥伦布传》，中译本，1995 年版，第 109、176、341 页。

认了。说白了，它真正的意义不过是在说那种阿Q早就说过的话："我们先前比你阔得多啦！"

从殷墟卜辞中可以看出，殷人相互问候时常常会说"无它?"，意思是说"你没有碰到蛇吧?"，就好比今天的老北京说"吃了没有"一样。如果有人能够在印第安人中发现同样的问候，那么其可信程度就会远远超过八字没一撇的"殷地安"，可惜这实在太困难了。

（原载《东方》杂志，1998年11月复刊号）

美洲印第安人来自亚洲的语言学证明

在对原始文化时期人类状态的研究中，北美印第安部落具有着特别重要的意义。正如马克思所指出的那样："美洲印第安人部落，和其他一切现存部落不同，他们是三个连续文化时期人类状态的典范。当他们被发现的时候，这三种状态的每一种，特别是野蛮期的低级阶段和中级阶段，要比任何其他部分的人类更为发达更为完整，北美南美一些沿海部落处于蒙昧期的最高阶段。"① 然而，对美洲印第安人部落的研究有一个前提性的问题始终没有解决，那就是他们的起源问题：他们究竟从何而来？

虽然绝大多数的体质人类学家都同意，美洲印第安人来自亚洲，他们是典型的蒙古人种。② 而考古学、地理学、地质学上的一些零碎旁证也勾画出了美洲印第安人祖先的迁移路线，但没有被证明的假设却始终是种假设。因此也就有人持相反的观点：美洲印第安人不是来自亚洲，而是某些亚洲人种来自美洲。但是，现在持后一种观点的人显然愈来愈站不住脚了。

美国加利福尼亚大学富勒顿分校人类学教授奥托·J. 冯·萨道夫斯基（Otto J. Von Sadovszky）从比较语言学的角度对这一问题作出

---

① 马克思：《摩尔根〈古代社会〉一书摘要》，中译本，1965 年，第 4 页。

② 例如美国历史学家弗雷德里克·杰克逊·特纳（F. J. Turner，1861-1932）曾通过对牙系的研究，认为美洲印第安人是亚洲人的后裔，最早的美洲印第安人的故土是 4 万年前的亚洲。考古学家托马斯·Y. 坎比（Thomas Y. Canby）在 1979 年发表的文章里涉及美洲印第安人的创世神话、宗教及社会结构等人种学材料，也支持同一观点。

了令人信服的论证。一些评论家认为，萨道夫斯基在对加利福尼亚印第安人部落和西伯利亚原始部落的语言比较中所论证的美洲印第安人来自亚洲的结论性意见是“20世纪最有意义的语言学发现之一”。按照萨道夫斯基的研究，曾经被认为失去了“中间环”的18个加利福尼亚印第安人部落的起源问题可以提前到4万年前。语言学的证据表明，约3000年前马里纳斯岛西海岸的米沃克印第安人（Miwok Indians）是在经历了30年的长途迁移后，从西伯利亚的乌拉尔山脉东部来到加利福尼亚的。

那么，语言学的研究为什么能证实两个异地的民族或部落有着密切的关系呢？一些重要的语言学理论认为：对不同语言符号之间的相似点唯一可能作出的解释是它们的语言系统有着一个共同的来源，这些系统可以追溯到一个共同的原始系统。萨道夫斯基用非常浅显的例子说明了这一点。他说，就如同居住在纽约的意大利人之所以被认出他们是意大利人，就因为他们说意大利话。就像在美国布鲁克林意大利馅饼店里所听到的意大利人的谈话那样，在语言上没有经过训练的人的普通谈话，恰恰最能精确地表明他来自何处。今天加利福尼亚印第安部落中几乎有80%的口语在他们亚洲西伯利亚部落中还在继续使用，这就说明他们来自一个共同的语言系统。在近25年的研究生涯中，萨道夫斯基发现了今天居住在美国蒙特利（Monterey），博德加（Bodega），萨克拉门托（Sacramento），圣华金（San Joaquin）等地的印第安人和生活在今天苏联乌拉尔山区的6000沃古尔人（Voguls）及1.7万奥斯加人（Ostyak）在语言上的相近就是因为他们有着共同的祖先。在这以前，几乎所有的比较语言学家都梦寐以求去确定美洲印第安人的最早故土，然而亚洲与美洲在语言学上的联系并不是那么容易发现的，原因首先是白令海峡的周围环境。

北极，尤其是白令海峡在许多文化历史学家看来就像是一种语言学上的过滤器，凡是阅读过那些涉及这次跨越大陆之间长途迁移有关文献的人总是很难发现其中涉及语言方面的东西。白令海峡似乎被看作一个巨大的语言消音器，呈现于人们想象中的是那些沉默而孤独的男性狩猎者，为追赶猎物而穿越无尽头的荒凉的西伯利亚北部的冻土带。但是萨道夫斯基认为，新的语言学证明呈现了完全不同的图画，北极并非语言上的消音器，那里，通讯联络是文化上的必需，反之，孤立则是致命的、自杀性的。因此我们必须改变早期对印第安人祖先形象的想象，而代之以一种新的有关狩猎者和渔猎者的知识。他们的长途跋涉有重大目的，经过了慎重考虑，并选择了正确的时间和正确的方向。这些狩猎者和他们妻儿一起旅行，只有当警戒时他们才沉默，否则他们就会说话，大笑，喊叫，歌唱，咒骂或祈祷。白令海峡当时是一个巨大的语言混合地，一个语言规律的拼凑地。任何一种途经白令海峡的文化，都必然会有语言上的混合。

萨道夫斯基说："大概在25年前，我开始去消除这一巨大的语言消音器，在这些日子里，我认为我已经从遥远的地方分辨出了声音，表明了两个大陆之间有种遥远的语言联系。今天，超出我们所期望的一切，大量比较语言学的证明已启示了加利福尼亚印第安人文化的所有方面。我发现了加利福尼亚印第安人和他们从亚洲进入美洲跨越白令海峡时所说的语言是非常相似的。"

要研究两种语言之间的联系就必须同时精通这两种语言。由于萨道夫斯基出生在匈牙利，所以他对西伯利亚鄂毕-乌戈尔人（Ob-Ugrian）的语言有着第一手的材料。早在20世纪60年代，当他还是加利福尼亚大学伯克利分校的毕业生时，他就已经在着手研究美洲印第安人和鄂毕-乌戈尔人之间语言上的相似之处了。不久,他的研究证明了无论印第安部落中的温图人(Wintu)、米沃克人(Miwok)、迈杜人(Maidu)、约库特人(Yokut)还是科斯塔诺人(Costanoan),无不都是西伯利亚乌拉尔人(Uralians)的后裔,其中绝大部分是西伯利亚西北部沃古尔人和奥斯加人的后裔。包含在鄂毕-乌拉尔语和佩农德语(Penutian)的语系联系之中约有60种语言,其中包括24种西伯利亚语和36种印第安语。他的这一看法也得到了另一些学者的支持。①

鄂毕-乌戈尔人是生活在靠近俄罗斯境内乌拉尔山脉鄂毕河地区

---

① 例如艾丽斯·施利赫(Alice Schlicher)曾编辑了一本温图人的词典,它也能对萨道夫斯基关于鄂毕-乌戈尔语和佩农德语之间联系的论述作出强有力的支持。

的部落，主要以渔猎为生。萨道夫斯基猜测早在公元前两千年之际他们就开始了漫长而缓慢的大迁移。一些地质学家和地理学家认为，在两万多年前西伯利亚是和阿拉斯加联在一起的，有些地方海底是露出的，形成陆桥。在那时，白令海峡并不是不可逾越的障碍，最简单的装备都能帮助西伯利亚的部落不断迁徙，并在西伯利亚和加利福尼亚之间建立起连绵不断的宿营地。至于当时的西伯利亚人为什么要迁徙，萨道夫斯基认为有可能是迫于西伯利亚南部人口的压力，一种临时性的饥荒或逃避瘟疫。

在萨道夫斯基看来，只要语言现象曾经存在过，它就会以令人惊异的方式被继承下来，从而为早已消亡了的历史性大迁移留下蛛丝马迹。

例如，由于当时的佩农德人非常喜欢捕猎鲑鱼，他们就利用海上航道从一个地方到另一个地方追逐鲑鱼。因为总有相对固定的居留地，因此“居留地”就是一种重要的、不会轻易消失的语言符号。今天定居在旧金山的印第安人把“居留地”称之为“Awas-te”，而西伯利亚部落直到今天仍然在用“awas”来表示“河口”，而“te”则意味着“地方”。

又如，马萨诸塞州地区的印第安人把“山”称之为“Tamalpais”，而对西伯利亚北部的奥斯加克人来说，“pais”意味着山丘或山，而“Tamal”则被奥斯加克人的近邻沃古尔人经常用来指山丘或山。

又如，根据传教士圣·胡安·包蒂斯塔（San Juan Bautista）在1815年所作的记录，西伯利亚把“冷”称之为“asirim”，而根据圣·克鲁兹（Santa Cruz）在1856年所作的记录，西伯利亚人把“冬天”称之为“asir”，沃古尔人把严寒称之为“asirma”，而这些词直到今天仍然在美洲印第安人中广泛使用并保持着原来的含义。

有关鄂毕-乌戈尔语和佩农德语之间的联系还突出地表现在一些与渔猎生活紧密相关的词汇上。例如有关“船”的一些词汇：

在西伯利亚部落中，“hap”意指小船，而在尼塞南人（Nisenan）中“hapa”意指木筏。

在西伯利亚部落中，“lia”意思指桨，而在尼塞南人中“lia”的意思指一种用来撑木筏的篙子。

在西伯利亚部落中，“lapa”意思是指一种短而阔的桨，而在萨克拉门托流域中生活的帕特温印第安人（Patwin lndians）则用“lapet”来指一种短而阔的桨。

下列的对照表可以更清晰地表明，在西伯利亚部落和加利福尼亚印第安部落之间有许多基本词汇存在着明显的相似：

词汇	西伯利亚部落	加利福尼亚部落
地震	nowiti	wea nowit
小山	pai	pais
房屋	kwel	kewel
城镇	us	use
弓	jow-i	jawe
箭	hot-nol	not
弓弦	kaliy	kali
迅速	tul	tulim
小刀	kesi	kice
捕杀	wel	wel
麋鹿	nop	nop
河狸	xuntel-kontel	kotul
野兔	nomu	nomeh
松果	sana	saanek
老人	amp	ap
浆果	pil	piila

另外，一些涉及生活中常用的基本词汇，诸如停止，休息，住所，游戏，树木，灌木，武器等等，都可以发现存在着惊人的相似。这些语言学上的相似还与生活习惯有关。萨道夫斯基曾在印第安人部落中生活过一段时间，从而发现西伯利亚部落和美洲印第安部落在狩猎和渔猎的方式上以及妇女在收集和处理食物的方法上都是相同的。

在美洲的印第安人最早可以追溯到四万年以前，① 但他们到达加

① 1989年2月，美国的一些考古学家在俄克拉荷马州发现一些碎石器、木炭和美洲野牛骨，可能是北美印第安人存在的最早证据。据分析，它们存在于2.6万年到4万年前。

利福尼亚则比较晚，而说佩农德语的部落则和其他美洲印第安人不同，佩农德人一般被称之为科斯塔诺人（Costanoan），他们生活在今天的旧金山地区。米沃克人主要生活在马林（Marin）、克利尔莱克（Clear Lake）和富特希尔斯（Foothills）地区，温图人主要生活在锡斯基尤（Siskiyou）和沙斯塔（Shasta）地区，迈杜人主要生活在塔霍河（Lake Tahoe）和萨克拉门托地区，而约库特人（Yokuts）则主要生活在圣华金地区。

萨道夫斯基认为美洲印第安人和西伯利亚部落之间的联系之所以未能被更早发现，部分原因是因为在亚洲生活的各部落离白令海峡至少4000英里以上，人们很难相信原始部落能经得起如此长距离的迁徙。他认为自己在语言学上的发现，将为亚洲和墨西哥及中美洲的玛雅文化之间的联系的进一步研究开辟一条新的途径。

此外，在研究加利福尼亚印第安人语言和欧洲匈牙利人的语言比较中，他发现也存在着同样的联系。例如匈牙利人把“鱼”称之为“hal”，而美国锡斯基尤和沙斯塔地区的温图人也这样说。而克利尔莱克米沃克人（Clear Lake Miwok）则把鱼称之为“huul”，其中的语言联系同样是十分明显的。在大迁徙中，人们从一个大集团中分散为一些更小的团伙，从而也形成了匈牙利人、芬兰人和拉普人。

一位美国评论家曾以“令人吃惊的发现”来评价萨道夫斯基的研究成果，并且说，虽然许多学者长期以来都曾猜想过在亚洲原始部落和美洲印第安人之间必然有某种联系，但萨道夫斯基的理论则是第一次证明了从西伯利亚东部迁徙到欧洲的匈牙利人和经白令海峡来到阿拉斯加的米沃克人之间有着一个共同的祖先。而在我看来，更为令人吃惊的是一种微观的研究所取得的这种决非微观的科学成就。

（原载《国外社会科学》，1989年第9期）

《朱狄学术论著六种》再版编后记

《朱狄学术论著六种》包括《当代西方艺术哲学》、《当代西方美学》、《艺术的起源》、《美学・艺术・灵感》、《信仰时代的文明》、《雕刻出来的祈祷》六部学术著作。我们在编辑加工时，只对其进行了必要的校改，而其他方面，比如译名、注释的体例及一些特定的表述方式等等，都一仍其旧，以尽可能地尊重这些具有很高学术价值的著述之原貌。特此说明。

责任编辑